KB090316

# 화성암의 석리

## - 박편 및 야외에서 관찰한 조직과 구조 -

정지곤 · 이혜임 공저

∑시그마프레스

# 화성암의 석리

**발행일** | 2015년 6월 5일 1쇄 발행

**공저자** | 정지곤, 이혜임
**발행인** | 강학경
**발행처** | Σ **시그마프레스**
**디자인** | 손난주
**편집** | 안은찬

**등록번호** | 제10-2642호
**주소** | 서울특별시 영등포구 양평로 22길 21 선유도코오롱디지털타워 A401~403호
**전자우편** | sigma@spress.co.kr
**홈페이지** | http://www.sigmapress.co.kr
**전화** | (02)323-4845, (02)2062-5184~8
**팩스** | (02)323-4197

ISBN | 978-89-6866-424-3

- 이 책의 내용은 저작권법에 따라 보호받고 있습니다.
- 잘못 만들어진 책은 바꿔드립니다.

* 책값은 뒤표지에 있습니다.
* 이 도서의 국립중앙도서관 출판시도서목록(CIP)은 서지정보유통지원시스템 홈페이지(http://seoji.nl.go.kr)와 국가자료공동목록시스템(http://www.nl.go.kr/kolisnet)에서 이용하실 수 있습니다.(CIP제어번호 : 2015014516)

박편을 통한 화성암의 관찰에서 암석의 명명은 지각에서의 생성 위치와 구성 광물의 양적 비율에 따르기 때문에 다분히 기계적인 관찰에 의한 것이며 암석의 외형에 기초를 둔 작업이다. 이에 대해서 화성암 석리(조직과 구조)의 해석은 암석의 생성 과정 및 생성 환경으로 결정되기 때문에 형태로 나타난 암석의 태생적 특징을 분류하는 작업이다. 이는 마치 수박의 겉만 보고도 수박인 것을 알 수 있으나(명명) 맛은 속을 갈라 봐야 알 수 있는 것과 같다(석리).

이러한 석리를 이해하기 위해서는 근본적으로 관찰의 경험이 많아야 하고 합리적 사고가 있어야 한다. 관찰의 경험은 일정한 암석 성분에 부합되는 특별한 조직의 빈도이다. 빈도는 자연 현상의 공통점으로 빈도가 높으면 높을수록 가치는 상승한다. 합리적 사고는 축적된 지식과 경험을 토대로 깊은 이성적 사고를 통해 부분적으로 적용되는 작은 원칙은 버리고 전체를 설명할 수 있는 적절한 것을 취하는 과정에서 이루어진다. 이 책에 소개한 자연 현상은 나름대로 빈도가 높고 암석의 중요한 정보를 제공하기 때문에 머릿속에 확실히 간직해 두고 실내나 야외에서 관찰한 현상과 비교하면 일정 결론에 도달할 수 있다.

편광 현미경을 쓰지 않는 암석학의 연구는 기둥 없이 집을 짓는 것과 같다. 거시적인 지질 현상은 당연히 미시적인 현상으로도 반영되기 때문에 우리는 현미경 관찰을 통해서 야외의 많은 지질 정보를 얻을 수 있으며 이 정보는 눈으로 직접 확인한 것이 된다. 그러므로 암석학 연구자는 물론 모든 지질학 연구자는 편광 현미경을 언제나 곁에 두고 있어야 한다.

이 책은 심성, 반심성 화성암을 비롯하여 화산암도 다루었으며 이들 조직의 설명에 필요한 야외 구조도 추가하였다. 또한 이 책의 7장(조직의 분석)과 부록(광물의 정출순서)의 내용은 이제까지 주로 불투명한 광석광물에 적용했던 것을 처음으로 규산염 광물에 적용해 본 것이다. 화성암의 조직을 다룬 외국 서적 중 국내에 소개된 것은 Longman사의 *Atlas of igneous rocks and their textures*(1982), W. H. Freeman사의 *Petrography*(1982), Prentice-Hall사의 *Petrogaphy to Petrogenesis*(1995)가 대표적이다.

재직 기간 동안 암석학을 강의하면서 현미경을 통한 암석의 명명 방법과 화성암의 조직에 관한 내용에 좀 더 체계적으로 접근할 수 있는 방법의 보완이 필요하다고 생각하였지만 실천하지 못한 채 퇴임하고 말았다. 퇴임 후 2011년 2월에 '암석의 미시세계'를 발간하여 암석의 명명법을 정리하였고, 이번에는 화성암의 조직을 정리하여 '화성암의 석리'를 발간하게 되었다. 이 두 책을 통해 그동안 강의에서 미진했던 부분을 보충할 수 있어 어깨에서 무거운 짐을 내려놓는 기분이다.

끝으로 이 책의 내용을 검토하고 교정해 준 서울대학교 지질환경과학부 조문섭 교수, 자료를 제공해 주고 원고 정리를 도와준 제자 지질자원연구원 고희재 박사와 이철우 박사, 그리고 (주)세종이엔씨 이동원 석사에게 고마운 마음을 전한다. 그리고 이 책이 출판될 수 있도록 배려해 주신 (주)시그마프레스의 강학경 사장님께도 감사드린다.

2015년 봄
저자

# 기본 용어 정리

**조직**(texture)  암석의 물리적 외형으로 입자의 크기, 형태, 상호 관계를 표현하며 박편의 현미경 관찰 규모나 일부 표품 크기의 육안 관찰 규모이다.

**구조**(structure)  표품이나 박편보다 노두에서 관찰된 것을 주로 표현한다. 때로는 표품 크기의 암석에서 어느 한 부분의 조직이나 성분이 주변과 다른 경우(⑩ 호상구조, 구상구조)도 포함된다. 구조를 조직과 구별하지 않고 쓰기도 하나 양자는 엄밀하게 동의어가 아니다.

**석리**(fabric)  기하학적 특징을 보이는 크고 작은 규모의 모든 지질 현상을 의미하는 용어로서 암석의 구조와 조직의 총체적 특징을 의미한다(⑩ 화성암의 석리).

**입자**(grain)  표품이나 박편에서 인지되는 물리적인 실체이다. 입자는 결정 입자(crystal grain*), 결정 입자 집단(polycrystalline unit*), 미세 입자 집단(submicroscopic unit*), 유리질 입자 집단(glassy unit*)으로 세분된다.

**결정**(crystal)  원자들이 질서 정연하게 배열되어 규칙적인 내부 구조를 가진 물질이다.

**광물**(mineral)  광물은 결정질 입자이며 준광물인 유리질도 넓은 의미의 광물이다.

* 이 별 표시는 이 책에서 우리말로 처음 번역된 용어에 표시한 것이다. 한국과학기술단체 총연합회(2004. 09)의 남북과학기술용어집에 이미 번역되어 실린 영문 용어는 조직이나 구조명, 기타 이해에 특별히 도움이 되는 것 외에는 이 책에서 사용하지 않았다.

# 차 례

## 제5장　화성쇄설성 구조 · 조직

## 제6장　야외 구조

# 1장 결정도

결정도는 화성암의 구성 입자인 유리질과 결정질의 상대적인 함유 정도를 말한다.

마그마의 온도가 내려갈 때 결정의 성장을 통제하는 요인이 세 가지 있다(Hibbard, 1995). (1) 성장면의 부착 기구, (2) 성장면의 성장 물질 확산 반응, (3) 성장면의 성장 물질 대류 공급이다. 처음 두 요인은 필수적이지만 세 번째 요인은 언제나 형성되는 것이 아니다. 그 이유는 암장과 모암의 경계부는 상대적으로 온도가 낮아 점성이 높아지므로 마그마가 정체되어 대류가 활발하지 않기 때문이다. 확산 작용은 결정의 표면과 용액의 경계에서 성장 물질을 부착시키는 작용으로서 대부분의 지질 현상에서 이를 촉진하는 것은 주로 열에 의한 힘이다. 마그마의 냉각 속도가 느리거나 동일 온도를 유지하면 활발한 확산으로 인해 결정이 서서히 성장하여 크고 완전해지는데 이때는 결정핵소의 수가 적다. 마그마의 온도가 내려가면 점성이 커져 확산 작용이 원활하지 않은 대신 결정핵소의 수가 많아져 작은 결정을 이루거나 불완전한 정출로 세포상조직(4장)이 된다. 마그마가 더욱 급격히 냉각되면 무수히 많은 결정핵소가 형성되지만 성장하지 못하고 유리질로 고화된다.

## 완정질조직(holocrystalline texture)

화성암의 구성 입자가 100% 결정질로 되어 있고 유리질 부분은 없는 조직으로서 모든 심성암과 대부분의 반심성암에서 관찰된다.

## 반정질조직(hypocrystalline, hypohyalline texture*)

화성암의 입자가 결정과 유리질로 되어 있는 조직으로서 반정이 있는 용암(유문암, 안산암, 현무암 등)에서 관찰된다. 용암의 반정은 두터운 용암류가 서서히 식어 자체에서 정출되거나 마그마에서 이미 정출된 결정이 분출할 때 용암류에 흡수된 것이다. 반심성암(암맥)도 흔히 반정질 조직이지만 이 암석의 석기는 대부분 세립 결정질이므로 반정질이라 할 수 없다.

## 유리질조직(holohyaline texture)

화성암의 입자가 전적으로 유리질로 되어 있는 조직으로서 반정이 없는 화산암, 극세립질 응회암 바탕(원래는 유리질일 공산이 큼)에서 관찰된다. hyaline, vitreous, glassy라는 용어는 모두 유리질을 의미한다. 급히 냉각된 용암류나 화성쇄설암뿐만 아니라 각종 냉각대(6장)에서도 관찰된다. 유리질은 입상도(2장)에서 자세히 설명한다.

## 01 완정질 심성암

입자가 모두 결정질로 구성되어 있는 등립 완정질암이며 암석은 토날라이트이다.

경남 산청군 생초면 계남리 왕대부락
직교니콜, 34배

## 02 완정질 반심성암

사장석 반정과 미정질 또는 은미정질 석기로 구성된 반상조직을 보이는 섬록반암이다. 석영의 함량으로 보아 석영 섬록반암이다. 이러한 반심성암 역시 석기를 구성한 입자가 결정질이므로 완정질 암석이며 유리질 석기가 있는 화산암과 차이를 보인다.

경북 경주시 양북면 장항리
직교니콜, 34배

## 03 반정질 용암

세립질 또는 미정질 반정(석영과 정장석)과 유리질 석기로 구성되어 있는 반정질 흑요암이다. 사진에서와 같이 직교니콜에서 유리질 석기는 소광상태를 보인다. 밝은 간섭색을 보이는 반정 입자는 부분적으로 용식되어 있다.

백두산 북측사면 해발 2,000~2,600m, 흑요암층
직교니콜, 34배

## 04 유리질 정자

유리질은 유리, 먼지(정자), 마이크롤라이트로 세분된다. 이 사진은 흑요암 박편을 단니콜에서 촬영한 것으로 여러 가지 형태의 실오라기 같은 정자가 관찰된다.

백두산 북측사면 해발 2,000~2,600m, 흑요암층
단니콜, 136배

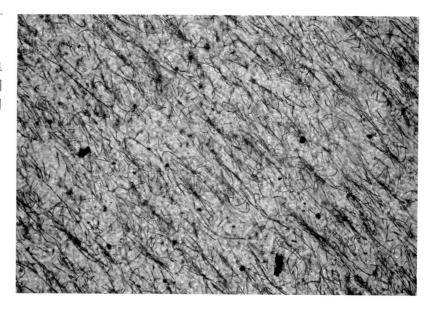

## 05 유리질 부석

단니콜에서 관찰한 유리쇄설성조직 또는 초생 용결조직을 보이는 유문암질 부석이다. 용결 상태가 되기 전 단계로서 유리질 파편의 벽은 서로 접촉되지 않고 수많은 공간이 남아 있어 물에 뜰 정도로 비중이 낮다. 부석만으로는 용암류를 형성하지 않으며 다른 화성쇄설암체의 쇄설물로 함유된다. 화쇄류에서 흔히 관찰된다.

백두산 천문봉(2670m) 일대
단니콜, 68배

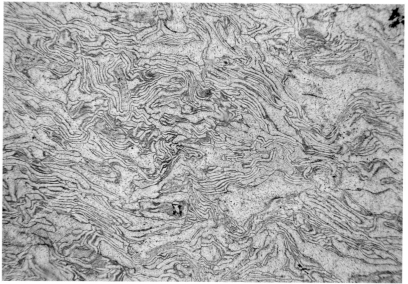

화성암의 석리

# 2장 입상도

입상도는 세 가지 내용을 포함한다. (1) 맨눈으로 결정의 관찰 가능 여부, (2) 결정의 절대적 크기, (3) 결정의 상대적 크기이다.

## 현정질조직(phaneritic texture)

화성암을 구성한 개개의 입자가 맨눈으로 식별되는 크기일 때의 조직명이다. 입상조직이라고도 하는데 입상이란 완정질 화성암에서 광물 입자 대부분의 크기가 비슷하고 입방체상 결정인 것을 말한다. 등립상이라고도 한다. 이때의 입자는 주성분 광물이나 특징 광물과 같은 주요 광물을 의미한다. 거정암의 입자는 대부분 조립질이다.

현정질조직에서 입자의 크기에 따른 일반적인 분류와 세분한 분류(Hibbard, 1995)는 표 1과 같다. 초조립질은 거정질이라고도 한다. 입자의 크기는 장경을 측정한 값이다.

### 표 1. 화성암 구성 입자의 크기에 따른 분류

단위 : mm

| 일반적인 분류 | | Hibbard(1995)의 분류 | |
| --- | --- | --- | --- |
| | | 초조립질 | > 50 |
| 조립질 | > 5 | 조립질 | 5-50 |
| 중립질 | 1-5 | 중립질 | 1-5 |
| 세립질 | < 1 | 세립질 | 0.1-1 |
| | | 초세립질 | 0.01-0.1(10-100μ) |
| | | 유리질 | < 0.01(< 10μ) |

입자의 크기가 균질하지 않으면 두 용어를 같이 써서 표현한다(例 세립 또는 중립, 중립 또는 조립). 아래의 사진(6, 7, 8)은 대안렌즈의 배율을 10배, 대물렌즈의 배율을 4배로 하고 34배로 확대했을 때 세립, 중립, 조립질 입자가 우리 눈에 보이는 양상을 나타낸 것이다.

### 06 현정질조직(세립질)

완정질 등립상 회장암이다. 사장석 입자의 크기는 대부분 1mm 내외로서 세립 또는 중립질이다.

경남 산청군 금서면, 왕산
직교니콜, 34배

## 6.1 세립질조직

세립질 알칼리 장석 화강암의 표품 사진이다. 중립질 입자도 소량 관찰된다. 부분적으로 반정이 관찰되며, 많은 알칼리 장석에 의해 암석은 전반적으로 붉게 보인다. 고철질 광물은 대부분 흑운모이다.

경남 남해군 이동면 신전리
눈금자 2cm

## 07 현정질조직(중립질)

완정질 등립상 회장암이다. 입자의 크기는 대부분 2~5mm로 중립질이다.

경남 산청군 금서면, 필봉산
직교니콜, 34배

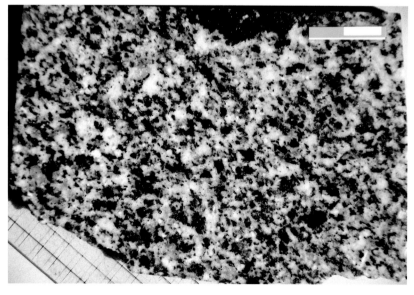

## 7.1 중립질조직

중립질 섬록암의 표품 사진이다. 고철질 광물은 보통각섬석이고, 규장질 광물은 사장석이다.

경남 기장군 일광면 문동리
눈금자 2cm

## 08 현정질조직(조립질)

완정질 등립상 회장암이다. 사장석 입자의 크기는 5mm 이상으로 조립질이다.

경남 산청군 산청읍 서재말
직교니콜, 34배

## 8.1 조립질조직

조립질 흑운모 화강암의 표품 사진이다. 적색의 알칼리 장석, 백색의 사장석, 내부 회절에 의한 회색 석영이 관찰된다.

공주시 반포면 하신리 하신
눈금자 2cm

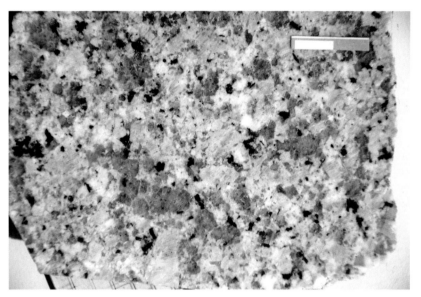

## 비현정질조직(aphanitic texture)

맨눈으로는 입자가 식별되지 않는 조직이다. 이러한 조직을 갖는 암석의 야외명으로 비현정질암이 있는데 이 암석은 미정질 결정으로, 또는 미정질 결정과 유리질로 구성된다. 비현정질 입자의 크기는 관찰자나 관찰 환경에 따라 다르기 때문에 정확하게 수치로 나타낼 수 없으나 대략 1mm 이하이다. 비현정질조직은 아래와 같이 세분된다.

### 미정질조직(microcrystalline texture)

입자의 크기가 너무 작아 육안으로 구별되지 않으나 암석 현미경으로 박편을 관찰하면 광물이 식별된다. 이때의 입자의 크기는 대략 0.01mm 이상이며 명확한 편광 현상과 광물 특유의 광학적 특징이 관찰되는 결정질이다.

### 은미정질조직(cryptocrystalline texture)

이 조직의 광물은 현미경 아래에서도 식별되지 않는 미세한 입자이나 결정질이다. 대략 0.01mm 이하의 결정질로서 유리질과는 구조적인 차이가 있다.

### 유리질조직(vitreous, glassy texture)

주로 용암에서 관찰되는 조직으로 이 조직의 광물은 편광에 의한 간섭색이나 결정을 의미하는 내부 구조가 전혀 형성되지 않았거나 지극히 미약하다. 용암류의 급격한 냉각이나 냉각대(6장)에서 형성되는 이 조직은 순수한 유리로부터 결정에 이르기까지 몇 단계로 나뉜다.

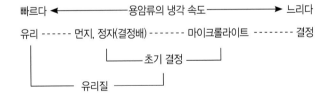

초기 결정(incipient crystal*)은 먼지(dust*), 정자 및 마이크롤라이트를 의미하며 여기에 유리(glass)를 포함하여 넓은 의미의 유리질(glassy)이 된다. 편광 현미경 아래에서 유리는 일정한 구조가 없는 광학적 등방성이다. 먼지와 정자 역시 등방성이며 결정 형태는 아니지만 미세하고 다양한 결정의 초기 형태를 보인다. 마이크롤라이트는 결정의 윤곽을 흐릿하게 갖추며 약한 편광 현상이 있다. 때로는 광물의 식별이 가능한 것도 있다. 결정은 특정 광물의 결정 광학적인 특징이 있다.

학자에 따라서 마이크롤라이트를 은미정질에 포함시키기도 하는데 이는 초기 결정 마이크롤라이트를 결정으로 간주하기 때문이다. 그림 1은 마이크롤라이트의 전 단계 즉 유리질 정자와 먼지의 형태에 따른 명칭이다.

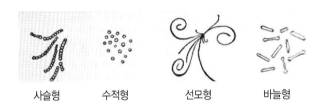

| 사슬형 | 수적형 | 선모형 | 바늘형 |

그림 1.
유리질 정자와 먼지의 형태에 따른 명칭(Hatch 외, 1961)

### 진주상균열조직(perlitic crack texture)

흑요암 같은 유리질 화산암에서 관찰되는 조직으로 조밀한 균열이 불완전한 동심원을 이룬 형태이다. 균열은 용암류가 냉각되는 동안 수축에 의한 장력으로 만들어지는 것으로 점도가 높지 않고 과냉각되지 않은 유리질에서만 형성된다.

파쇄 균열 조직(shatter crack texture*)은 교질 상태에서 정출된 광물이 건조, 수축되어 불규칙적 균열이 형성된 것(예 할로이사이트)으로 진주상 균열과는 형태와 성인이 다르다. 이 조직은 화성 기원이 아니다.

## 09 미정질 입자의 범위

반상조직을 보이는 규장질 맥암이다. 중앙의 중립질 석영 반정의 크기는 1.21mm이며, 석기를 구성한 입자의 크기는 0.08mm 이하로서 초세립질(표 1)이다. 따라서 이 암석의 석기는 현미경 아래에서 식별할 수 있는 미정질에 해당된다. 사진은 대안렌즈를 10배, 대물렌즈를 4배로 촬영한 것이다.

충남 논산시 벌곡면, 대둔산 능선
직교니콜, 34배

## 10 은미정질 입자

분급이 매우 양호한 응회암의 쇄설성 은미정질 입자이다. 입자의 크기는 0.01mm 이하로서 유리질(표 1)인데 대안렌즈를 10배, 대물렌즈를 4배로 했을 때이다. 대물렌즈의 배율을 40배 이상으로 올리면 광물 식별이 부분적으로 가능하다.

전남 여수시 화양면 화양읍
직교니콜, 34배

## 11 유리질 입자(유리)

석영과 새니딘 반정이 주변에 산재되어 있고 중앙의 소광상태인 부분이 유리인데 소량의 은 미정질 입자가 함유된 흑요암이다. 단니콜에서 유리 부분은 대물렌즈를 4배로 할 때는 거의 관찰되는 것이 없으나 대물렌즈의 배율을 20배 이상 높이면 약한 방향성을 보이는 소량의 결정배가 발견된다.

백두산 북측사면 해발 2,000∼2,600m, 흑요암층
직교−단니콜, 34배

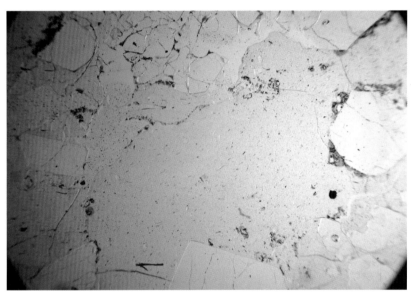

## 12 유리질 입자(먼지와 정자)

유문암에서 관찰한 먼지와 정자로 구성된 유리질 조직으로 단니콜, 대물렌즈 20배의 사진이다. 그림 1에 의하면 먼지는 사슬형과 수적형에, 길쭉한 정자는 바늘형에 각각 해당된다.

충남 추부면 서대리, 서대산
단니콜, 136배

## 13 유리질 입자(마이크롤라이트)

유문암에서 관찰된 이방성 마이크롤라이트이다. 석기 부분은 결정의 형태를 갖추지 않아 광물의 종류를 짐작할 수 없으나 석영이나 알칼리 장석 같은 규장질 광물의 결정 전 단계인 초기 마이크롤라이트로 보인다. 이후 내용에서 나올 그림 14의 왼쪽 사진 유문암의 석기에서 장석류로 보이는 마이크롤라이트를 관찰할 수 있다.

전남 여수시 율촌면 상내리
직교니콜, 68배

## 14 유리질 응회암

화성쇄설물은 사장석, 석영, 안산암편이며 바탕은 화산회 크기의 은미정질 입자이다. 바탕의 화산회는 공중에서 급격히 식어 퇴적된 입자로서 성인으로 보아 유리질이다.

전남 고흥군 동강면 대포리
직교–단니콜, 68배

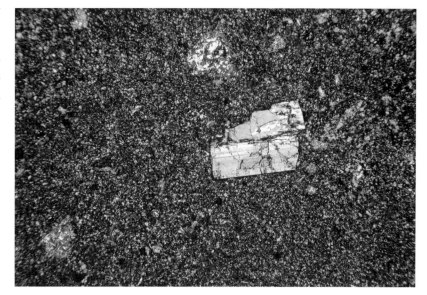

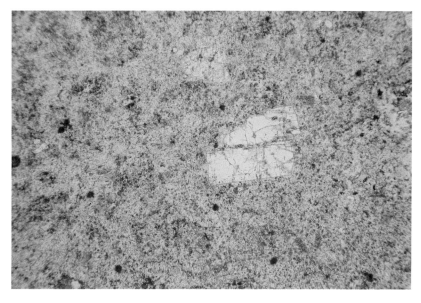

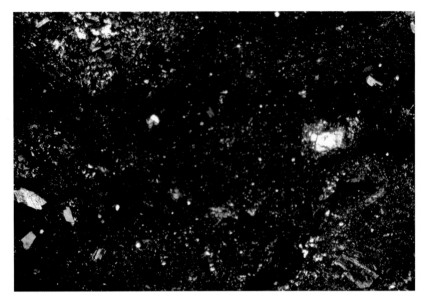

## 15  유리질 용결 응회암

밝게 보이는 몇 개의 암편과 광물편이 관찰되고 그 중앙에 오른쪽 위-왼쪽 아래 방향의 대각선 소광상태의 유동구조가 형성되어 있는데 이 부분이 유리질이다. 이 암석의 유리질은 화산회와 같은 극세립 화성쇄설물 또는 용결된 유리질 파편으로 구성된다. 단니콜에서는 검고 가는 띠와 같은 불투명 유기물(오른쪽 위), 소광상태의 현무암질 암편(왼쪽), 압착된 피아메가 약간 어둡게 관찰된다. 앞에 나왔던 사진 5(부석) 역시 유리질이다.

전남 여천군 화양면 옥저리
직교-단니콜. 34배

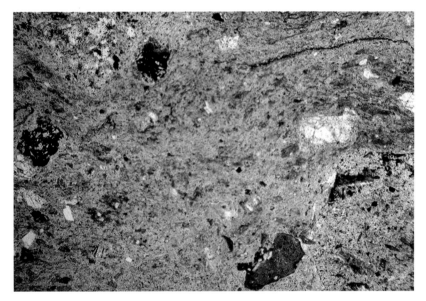

## 16  진주상 균열

몇 겹의 불완전한 동심원상 균열을 보인다. 흑
요암보다 더 많은 물을 함유한 유리질 유문암
이 급격히 식어 형성된 것이다. 부분적이긴 하
나 방사상 조직을 보이는 구과의 일부가 사진의
오른쪽 위와 아래에서 관찰된다.

전남 여수시 율촌면 상내리
직교-단니콜, 68배

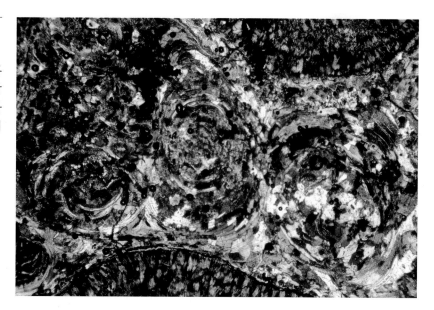

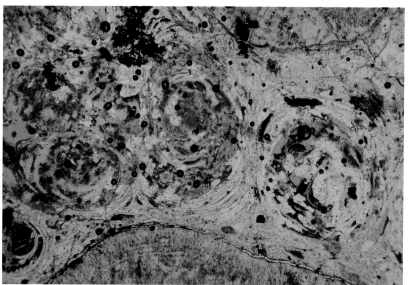

## 입자의 상대적 크기

### 등립상조직(equigranular texture)

주구성 광물의 크기가 앞에서 소개한 표 1에서 하나의 분류 범위에 해당되는 조직이다. 예를 들어 중립질 등립상은 주구성 광물이 1~5mm 내의 크기여야 한다. 입상조직과 동일한 용어지만 입자의 크기가 특히 균질할 때 사용된다.

### 비등립상조직(inequigranular texture*)

4장의 비등립상 조직에서 소개하는 모든 조직이 여기에 속한다. 그림 2는 등립상과 비교하기 위해서 몇 종의 비등립상조직을 같이 소개하였다. 즉 반상조직과 같이 큰 반정이 상대적으로 작은 미립의 석기에 함유되어 있거나 세리에이트조직과 같이 주구성 광물이 대·중·소의 결정으로 되어 있는 조직이다. 비등립상은 불균질 입상(heterogranular*)이라고도 한다.

- 단절조직(hiatal texture*) 반상조직에서 관찰되는 조직으로 입자 크기의 변화가 단절된 양상을 보일 때, 예를 들면 큰 입자군과 작은 입자군으로 나뉘면 이분 비등립상(bimodal inequigranular*)이 되고 입자의 크기가 세 무더기로 나뉘면 삼분 비등립상(trimodal inequigranular*)이 된다(그림 2). 유사한 크기의 반정과 유리질 석기로 구성된 반상조직은 이분 비등립상 단절조직에 해당된다.

  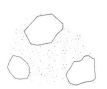 

등립상 　　 세리에이트 비등립상 　　 이분 비등립상 　　 삼분 비등립상

그림 2. 입자의 상대적 크기에 따른 분류

### 17 등립상조직

입자의 크기가 대부분 1~5mm의 범위에 해당되므로 중립질 등립상조직이다. 90% 이상이 단사휘석으로 되어 있어 단사휘석암이다. 미세한 소량의 변질광물은 이 조직에서 고려되지 않는다. 한 광물의 간섭색이 불균질한 것은 미세한 성분 차이 때문이다.

경남 산청군 차황면, 남산
직교니콜, 34배

## 18  비등립상 세리에이트조직

입자의 크기가 최대 0.66mm로부터 은미정질까지 다양한 화강반암이다. 시야의 중앙에 세립질 흑운모가 소량 관찰된다.

경남 하동군 북천면 북천사 부근
직교니콜, 34배

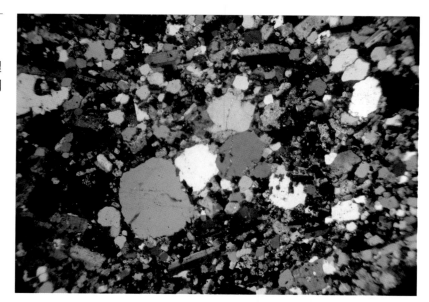

## 19  비등립상 포유조직

바탕의 단일 큰 결정(보통각섬석) 내에 여러 종류의 작은 결정들이 함유되어 있다. 결정의 상대적인 크기로 보아 비등립상이며 이러한 조직을 포유조직이라 한다. 반려암에서 관찰한 것이다.

경북 안동시 풍천면 광덕리
직교니콜, 34배

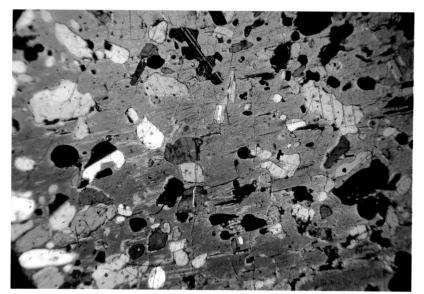

## 20  이분 단절 반상조직

반상조직의 안산암은 구성 입자의 크기로 보아 세립 또는 미정질 반정과 은미정 또는 유리질 석기로 양분된다. 이 조직의 정출 단계는 반정의 정출 시기와 석기의 정출 시기로 양분된다.

경북 경주시 산내면 중리
직교니콜, 34배

## 21 삼분 단절 반상조직

이 조직은 중립질 사장석 큰 반정, 미정질 사장석 작은 반정, 사장석 마이크롤라이트 또는 유리질(소광상태) 석기로 구성되어 있는 현무암이다. 따라서 큰 반정-작은 반정-마이크롤라이트(유리질)로 3회에 걸쳐 단절된 정출 단계를 보인다.

제주도 제주시 조천읍 신흥리
직교니콜, 34배

## 22 삼분 단절 반상조직(2)

이 조직은 세립 또는 중립질 사장석 반정, 미정질 사장석과 정장석 작은 반정, 그리고 소광상태인 은미정 또는 유리질 석기로 구성되어 있는 데사이트이다. 정출 단계로 보아 큰 반정-작은 반정-은미정 또는 유리질 입자로 나뉘는 삼분 단절을 보인다.

충남 추부면 서대리, 서대산
직교니콜, 34배

# 3장 결정 형태

# 결정면의 발달 정도

### 자형조직(euhedral texture)

하나의 광물이 갖는 특징적인 결정면으로 완전히 갖추어진 형태이다. idiomorphic 또는 automorphic 과 동의어이다. 일반적으로 광물의 강도가 높을수록 자형을 이룬다.

### 반자형조직(subhedral texture)

광물 특유의 결정면이 부분적으로 갖추어진 형태로서 hypidiomorphic 또는 hypautomorphic과 동의어이다.

### 타형조직(anhedral texture)

광물 특유의 결정면이 전혀 없는 형태로서 allotriomorphic 또는 xenomorphic과 동의어이다.

그림 3은 자형 입자와 타형 입자를 비교한 것이다. 자형 입자 (a)와 (b)는 형태가 매우 다르나 세포상 입자 (b) 역시 전체가 모두 원래의 결정면으로 되어 있어 자형이다. 과성장 입자 (c)와 오버이드 입자 (d)는 타형이다.

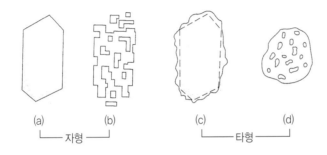

그림 3. 자형 입자(a, b)와 타형 입자(c, d)의 비교(Hibbard, 1995)

## 23 자형의 석영 결정

거의 변형되지 않은 석영 원래의 결정 형태로서 광축과 사각으로 잘렸다. 반상조직의 석영 반암이다. 결정 내 미세한 점들은 석영에 함유된 유체 포유물로서 장석류와 구별되는 점이다.

충남 계룡산 국립공원, 시루봉 능선
직교니콜, 68배

## 24 자형의 황철석

불투명 광물은 대부분 입방체상 황철석 결정의 단면인데 결정면이 변형되지 않은 것은 자형을 보인다. 방해석, 녹니석, 녹렴석 등이 수반된 것으로 보아 광화대 암석으로 보인다.

경남 창원시, 구룡산 구룡광산
단니콜, 34배

## 25 반자형 석영

유문암에서 관찰한 결정으로 중앙의 석영 입자에서 오른쪽 면은 자형의 결정 형태를 보이나 반대쪽 결정면은 용식되어 고유의 결정면이 없어졌다. 자형의 결정면과 석기는 명료한 경계이나 용식된 반대쪽 결정면은 석기와 점이적이며 석기에 포획된 석영도 있다. 석영 내에 미세한 포유물이 잘 관찰된다.

전남 광양시 덕례리, 덕례초등학교 부근
직교니콜, 68배

## 26 타형 석영

원래의 결정면이 조금도 남아 있지 않다. 이 암석은 조직으로 보아 미문상 화강반암으로서 이미 정출된 석영이 석기에 의해 용식되어 타형이 되었다. 석기는 대부분 준미문상조직으로 구성되어 있다. 반정 내에 포유된 입자는 석영 반정에 포획된 것이 아니라 석영이 용식되어 석기가 보이는 것이다(3장 만형상조직 참고).

충남 논산시 벌곡면, 대둔산 능선
직교니콜, 68배

## 결정의 3차원 형태

아래에 소개한 대표적인 결정형태는 결정의 모양을 묘사하는데 도움이 된다.

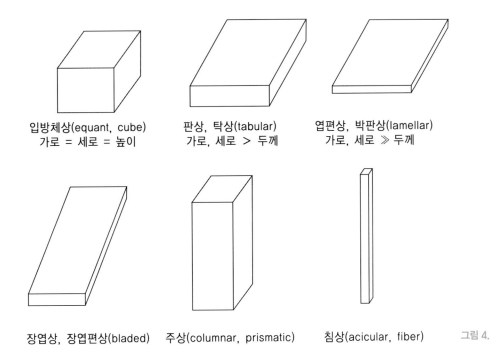

입방체상(equant, cube)
가로 = 세로 = 높이

판상, 탁상(tabular)
가로, 세로 > 두께

엽편상, 박판상(lamellar)
가로, 세로 ≫ 두께

장엽상, 장엽편상(bladed)
가로 > 세로 ≫ 두께

주상(columnar, prismatic)
가로, 세로 < 높이

침상(acicular, fiber)
가로, 세로 ≪ 높이

그림 4.
결정의 3차원 형태에 따른 분류

## 특수한 3차원 조직

이 조직은 3차원적 현상을 2차원인 박편에서 관찰하기 때문에 나타나는 특이한 조직이다. 다음 그림은 이러한 현상을 설명한 것이다(그림 5). 이 그림에서 광물 (a), (b)가 왼쪽 그림과 같이 접하였을 때 이의 단면도에서 두 광물의 경계는 하나의 직선으로 보이지만 오른쪽 그림과 같이 (a)가 (b)에 투입되었을 때의 단면도에서는 (b) 내에 (a)가 고립되어 보인다. 예를 들어, 반상조직에서 반정의 중앙을 석기가 용식했을 때도 박편에서는 오른쪽 그림과 같이 관찰된다(그림 6, 사진 26, 29).

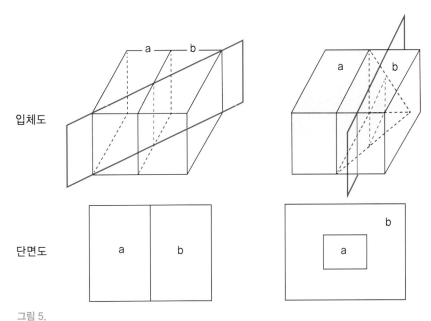

입체도

단면도

그림 5.
3차원 구조(입체도)와 2차원 단면(단면도)을 설명하는 모식도. 육면체를 입체도의 적색 사각형으로 절단할 때 두 광물(a, b)은 단면도와 같이 보인다. 현미경에서는 모든 광물의 단면을 관찰한다.

그림 6은 화강암의 현미경 사진으로 그림 5와 동일한 현상이다. 이 그림에서 중앙의 1° 암회색 간섭색의 광물 석영(×표) 내에 정장석 포유물이 관찰된다(왼쪽 △표). 그 오른쪽 △표 광물 역시 정장석인데 두 광물의 소광위치가 동일한 것으로 보아 광학적 연속성이 있으며 동일 광물이다. 따라서 두 정장석은 ×표 석영 아래로 연속된 것이다. ×표 석영은 그림 5 오른쪽의 (b)이고, △표 정장석은 그림에서 오른쪽의 (a)이다. 석영보다 장석이 후기임은 장석 내에 포획된 석영(ㅁ표)으로 인해 확인된다.

다음에 소개하는 조직은 모두 광물의 3차원적 결합으로 이루어진 특이한 형태나 기본적으로 그림 5, 그림 6과 같은 현상이다.

### 골격상조직(skeletal texture)

단일 결정의 형태가 오목하든가 연속성에 단절이 있으면 그런 곳이 석기나 다른 광물로 채워지고, 단면은 골격상조직을 보인다. 이러한 현상은 흔히 결정의 구조와 관련이 있기 때문에 완전한 골격상조직은 규칙적인 양상을 보인다. 일반적으로 골격상조직과 다음에 소개하는 만형상조직은 1개의 광물에 동시에 형성되기도 한다.

### 수지상조직(dendritic texture)

미세한 나뭇가지 형태나 침상의 결정군이 광학적으로 균질하며 규칙적인 수지상을 이루고, 미세한 결정의 사이사이가 다른 광물로 채워졌을 때 이것의 단면은 수지상 형태를 보인다.

### 만형상조직(embayed texture)

용식 작용에 의한 조직으로 용식조직(corrosion texture*)이라고도 한다. 이 작용은 먼저 정출된 반정이나 포획암을 마그마가 용융시킨 것이다. 용융의 형태는 광물이나 암석의 외곽에 따라 만 또는 고립된 섬과 같다. 먼저 정출된 자형의 반정이 석기의 용식에 의해 반자형 또는 타형이 되기도 한다.

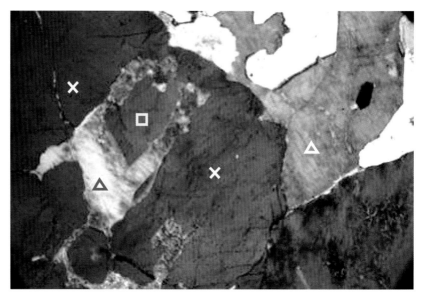

그림 6.
자연계에서 정출된 그림 5와 동일한 현상. △표로 표시한 두 정장석은 격리되어 있으나 동일한 광물이며 ×표의 두 석영 역시 연속된 동일 광물이다. 석영 내에 포유되어 있는 왼쪽 정장석에는 석영(ㅁ표)이 포획되어 있다(직교니콜, 68배).

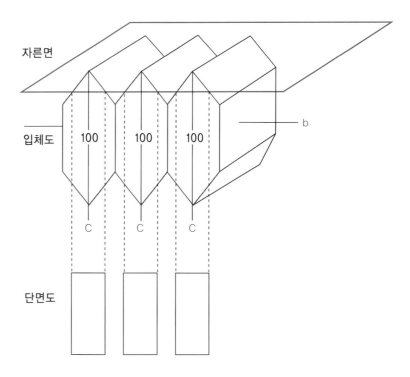

그림 7.
평행 성장 조직을 설명하는 모식도. 결정축(C)이 나란한 감람석 연정이다. b축에 나란하며 그림과 같이 ⟨100⟩에 직각으로 잘랐을 때 박편에서는 단면도와 같이 보인다.

만형상조직은 용식에 의해 움푹 들어간 만과 같은 형태뿐만 아니라 다양한 형태를 모두 포함한다. 골격상조직은 형태가 만형상조직과 유사한 점이 있으나 용식에 의한 것은 아니다.

### 평행성장조직(parallel growth texture)

동일한 광물의 결정축이 나란하거나 거의 나란한 여러 입자의 연정으로 이루어졌을 때 관찰되는 조직이다. 박편에서는 독립된 나란한 결정의 집합으로 보이나 입체적으로는 하나의 연정이다. 이 조직은 평행연정조직(parallel intergrowth texture*)

이라고도 하며 골격상조직의 특수한 형태이다(그림 7). 평행성장 조직의 일종으로 망상조직(reticular texture*)이 있다. 이 조직은 조밀한 망상형 교대 조직이다.

그림 7에서 입자들은 광학적 C축의 방향이 같기 때문에 현미경에서 동일한 간섭색을 보일 것이며, 박편에서는 단면도와 같이 서로 독립 및 신장되고 나란한 입자의 집합체로 보이나 실제로는 하나의 연정이다.

---

### 27 골격상조직의 감람석

감람석 현무암에 함유된 사진 중앙의 골격상 감람석은 장축 방향과 이의 직각 방향에 따라 구조와 관련된 연속성이 일부 단절되어 있다. 이 결정 주위의 사장석 마이크롤라이트는 유동 흔적이 관찰되며 그에 의한 감람석의 용식 현상도 일부 수반되어 있다.

제주도 서귀포시 표선면 표선리
직교니콜, 68배

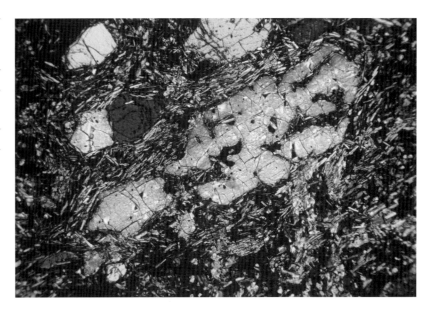

---

### 28 수지상조직의 티탄철석

단사휘석을 함유한 회장암에서 관찰한 조직으로 휘석이 투각섬석으로 교대될 때 티탄철석이 수지상으로 동시에 정출된 것으로 보인다. 티탄철석의 사이사이는 미세한 투각섬석 집단으로 채워져 있다. 티탄철석은 휘석을 교대한 투각섬석이 분포한 곳에서만 관찰된다.

경남 하동군 옥종면 월횡리
직교니콜, 68배

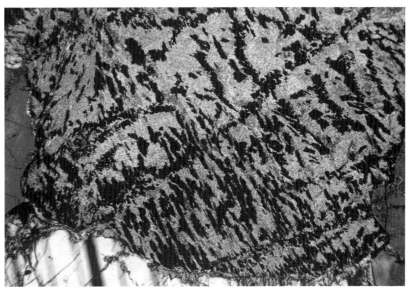

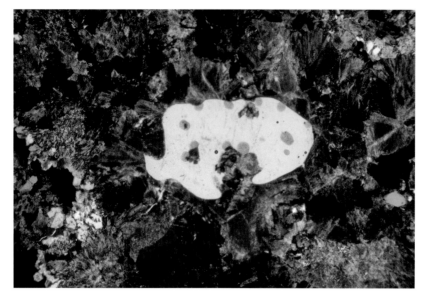

## 29 만형상조직의 석영

알칼리 장석 화강반암(미문상 화강반암)의 석영 반정이 석기에 의해 용식된 현상이다. 반정은 용식에 의해 타형이 되고 석영 내의 포유광물은 석영에 포획된 것이 아니라 용식에 의해 반정의 아래쪽 석기가 드러난 것이다. 반정의 주위는 반정이 결정핵소가 되어 방사상 알칼리 장석이 정출되었다. 앞에 소개한 사진 9, 25, 26 역시 만형상조직의 좋은 예이다.

충남 계룡산 국립공원, 시루봉 능선
직교니콜, 68배

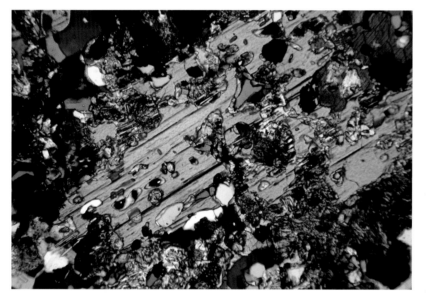

## 30 만형상조직의 보통각섬석

중앙의 녹청색 보통각섬석은 후기 마그마(규장질 열수용액)의 용식 작용을 심하게 받았다. 보통각섬석과 석영을 교대한 후기 마그마는 대부분 연충상 연정을 이룬다. 보통각섬석의 왼쪽 아래 부분에는 작은 입자들을 함유한 포유조직이 보인다. 단니콜의 사진은 잔류한 만형상조직의 보통각섬석, 그리고 보통각섬석과 석영을 교대한 연충상 연정이 잘 관찰된다. 이 암석은 경남 산청읍 동부 섬장암과 반려암의 경계 지역에서 채취한 것이다. 암석명은 변질 반려암이다.

경남 산청읍 내수리
직교-단니콜, 68배

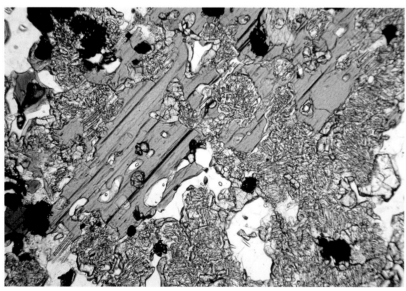

### 31 만형상조직의 정장석

이 암석은 용결 응회암인데 고열의 화쇄류가 유동하는 동안 먼저 정출된 정장석을 용식하여 만형상조직이 되었다. 정장석 주위의 소광상태로 보이는 부분은 유리질이다. 이 조직은 정장석과 유리질의 경계, 그리고 정장석 내부에도 형성되었다. 내부의 유리질 입자는 정장석이 포획한 것이 아니라 화쇄류의 유리질 바탕에 의한 용식으로 드러난 것이다. 그림 5, 그림 6과 동일한 현상이다.

제주도 제주시 고산리, 고산포구 북측
직교니콜, 68배

### 32 중첩 성장한 흑운모와 협재된 석영

대각선으로 길게 정출한 장엽상 광물은 흑운모이며 그 가운데 협재된 광물과 흑운모 바깥 부분의 백색 광물은 석영이다. 흑운모 내의 석영은 흑운모에 형성된 V자형 골에 정출된 것이다. 이 암석은 거정암이다. 그림 7에 소개한 것과 같은 현상이다.

대전광역시 대덕구 송강동
직교니콜, 68배

### 33 평행 성장한 규회석과 협재된 방해석

사진의 왼쪽은 대리암의 결정질 방해석이고 평행한 소광상태의 오른쪽 침상 결정들은 규회석이며 규회석 사이에 협재된 소량의 방해석과 투휘석은 밝은 편광색을 보인다. 여러 개의 규회석 결정들이 동시 소광되는 점에 주목된다. 이 표품은 대리암과 이를 관입한 흑운모 화강암과의 접촉부에 형성된 것으로 방해석에 $SiO_2$가 공급되어 규회석이 형성된 것으로 화학 반응은 다음과 같다.
$$CaCO_3 + SiO_2 = CaSiO_3 + CO_2 \uparrow$$

충남 금산군 추부면 신평리
직교니콜, 68배

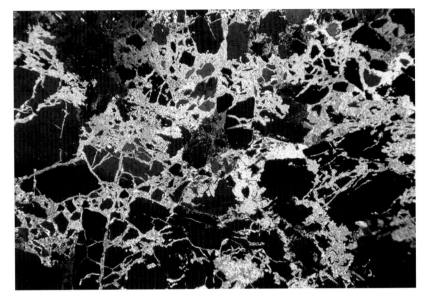

## 34 망상조직

어둡게 보이는 광물은 알칼리 장석이고 이를 교대한 광물은 위상차가 커서 박편의 두께에 따라 여러 가지 간섭색을 보이는 방해석이다. 망상으로 교대한 방해석 내에는 장석 포획물이 다수 함유되어 있다. 파쇄된 장석의 틈에 방해석이 관입하였다.

경남 창원시, 구룡산 구룡광산
직교−단니콜, 68배

### 가상조직(pseudomorphous texture)

광물이 변질 또는 교대되어 결정 내에 원래의 광물이 모두 없어진 자리를 다른 광물이 점유함으로서 결정 형태는 원래의 광물이지만 현재는 다른 광물로 구성된 조직이다. 예를 들면 황철석을 교대한 침철석, 석영을 교대한 형석 등이 가상조직을 이룬다. 석영-트리디마이트, 방해석-아라고나이트, 백운모-견운모와 같이 동질 이상에 속하는 두 광물이 서로 교대하여 가상조직을 보일 때는 특히 준가상(paramorph*)이라 한다. 흔히 관찰되는 가상조직은 장석류를 교대한 견운모, 흑운모를 교대한 녹니석으로 구성된 것이다.

• 준가상조직(paramorphous texture*) 동질 이상의 광물로 교대된 가상조직이다.

### 잔류상조직(relic, relict texture*)

원래의 광물이 가상이나 준가상 형태로 대부분 교대되고 잔류물이 남아 있는 조직이다. 이 조직은 가상조직뿐만 아니라 기타 교대작용이 수반된 많은 조직에서 관찰된다.

### 35 녹니석 가상조직

대부분 사장석과 소량의 흑운모 반정으로 구성된 안산암이다. 사진 중앙부의 네모난 결정은 청색의 녹니석과 갈색의 펜닌으로 구성되어 있는데 흑운모를 교대한 것이다. 단니콜에서 녹니석의 특징적인 녹두색 다색성과 흑운모 결정의 외형이 관찰된다. 흑운모 잔류물은 남아 있지 않다.

경남 고성군. 고성동광산
직교-단니콜, 68배

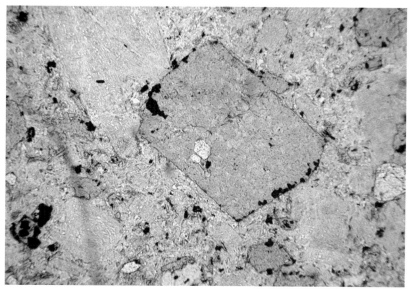

### 36 녹렴석 가상조직

이 암석은 사장석 반정에 사장석 마이크롤라이트 석기로 구성된 다공질 현무암이다. 사진의 녹렴석은 완전한 가상조직을 보이는데, 잔류 광물이 전혀 남아 있지 않아 녹렴석으로 교대되기 전의 광물의 종류는 확인할 수 없다.

전남 광양시 덕례리. 덕례초등학교 부근
직교니콜, 68배

### 37 견운모 가상조직 · 잔류상조직

변질을 많이 받은 우백 화강암이다. 중앙의 두 정장석은 대부분 견운모로 교대되고 잔류물이 남아 있으나(잔류상조직) 주변의 정장석은 완전히 견운모로 교대된 가상조직을 보인다.

충북 옥천군 청산면 삼방리
직교니콜, 34배

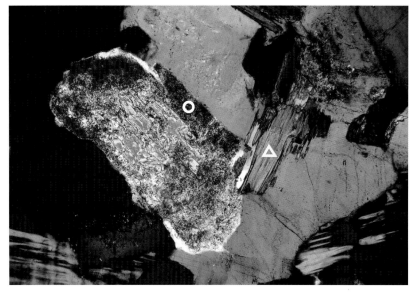

### 38 준가상조직의 백운모 · 견운모

복운모 화강암에 함유된 백운모가 견운모로 대부분 교대되어 준가상조직을 형성하였으며(○표) 입자의 중앙에는 간섭색 적색-청색의 백운모 잔류물이 소량 남아 있어 잔류상조직을 이룬다. 이 조직 오른쪽의 녹니석(△표)은 하나의 흑운모 입자를 완전히 교대하여 가상조직을 이룬다.

충북 옥천군 청산면 삼방리
직교니콜, 34배

## 39 준가상조직의 백운모 · 견운모(2)

견운모화 작용을 심하게 받은 백운모 화강암이다. 청록색 간섭색을 보이는 백운모는 완전히 또는 부분적으로 견운모로 교대되어 준가상 또는 잔류상조직을 보인다.

충북 옥천군 청산면 삼방리
직교니콜, 34배

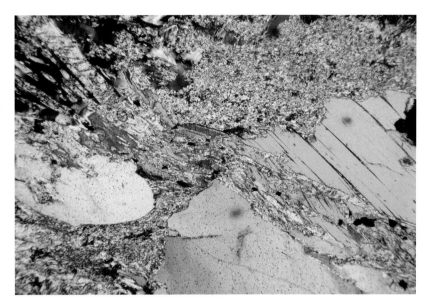

## 40 잔류상조직의 사방휘석

회장암에 함유된 사방휘석이 대부분 투휘석으로 교대되고 일부가 잔류되어 있다(시야의 중앙). 투휘석은 위상차가 커서 영롱한 간섭색을 보이고 잔류된 사방휘석은 위상차가 낮아(약 100m$\mu$) 어두운 간섭색을 보인다.

경남 산청군 금서면 향양리
직교니콜, 68배

## 41  잔류상조직의 감람석

감람암에 함유된 감람석(밝은 간섭색)이 사문석(안티고라이트)으로 교대되어 고립, 잔류된 잔류상조직을 보인다. 단니콜에서 볼 때는 인접한 휘석이나 사장석이 감람석만큼 사문석화되지 않았다.

충북 보은군 회남면 조곡리
직교−단니콜, 68배

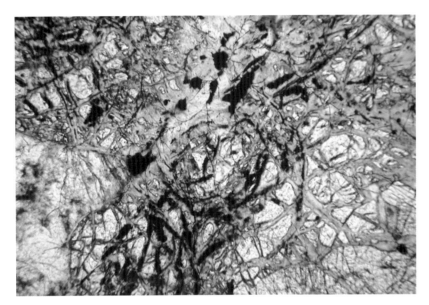

## 42  사문석 미세 포획물 내의 방해석 함유물(유사 잔류상)

방해석 맥의 관입으로 사문석이 포획되었으며 접촉부 방해석 쪽에 냉각대도 형성되었다. 포획된 사문석 내의 파인 부분에는 방해석이 관찰되는데(화살표) 이 방해석은 골격상조직에 해당되므로 이 조직을 잔류상조직이라 할 수 없다.

충남 부여군 지선리, 한국녹옥광산
직교니콜, 68배

## 43 가상조직과 잔류상조직

사장석과 정장석 반정이 대략 반반인 화산암 데사이트이다. 심한 변질을 받아 규장질 광물은 견운모로, 흑운모나 각섬석 같은 고철질 광물은 녹니석과 녹렴석으로 대부분 교대되었다. 사진 중앙의 광물에서는 녹니석(어두운 부분, 암청색)에 의한 가상 교대와 뒤를 이어 녹니석을 교대한 녹렴석에 의한 잔류상 교대가 관찰된다. 가상 교대는 잔류물이 남아 있지 않아 원래의 광물은 파악되지 않으며, 잔류상 교대는 녹렴석의 교대를 받은 녹니석이 잔류되어 형성되었다. 단니콜에서 녹두색 다색성 광물은 녹니석이고 다색성이 없는 광물은 녹렴석이다. 동일 광물에서 이중 교대가 이루어진 경우이다.

경남 고성군, 고성동광산
직교-단니콜, 68배

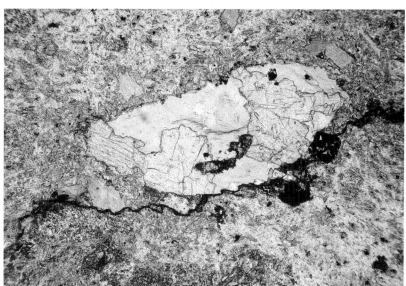

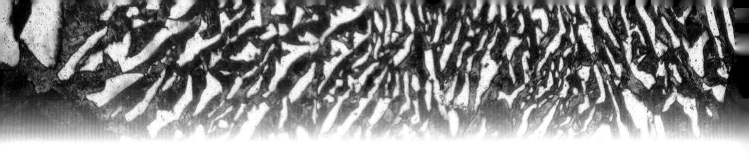

# 4장 입자의 상호 관계

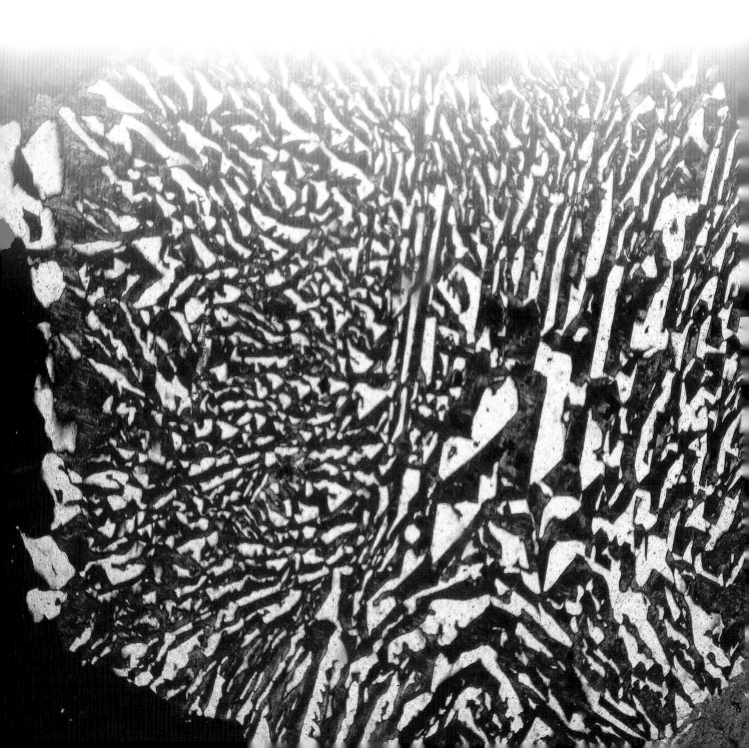

앞 장에서는 하나의 결정이 보이는 여러 경우를 소개하였고 4장에서는 둘 이상의 광물 조합이 서로 연관성을 보일 때 관찰되는 조직을 소개한다.

## 등립상조직(equigranular texture)

이 조직의 암석은 대부분 현정질, 등립, 입방체상 입자로 구성된 것이 특징이다.

### 자형입상조직(euhedral granular texture*)

구성 입자는 대부분 자형을 보이며 이 조직은 흔히 보통각섬암에서 관찰된다. panidiomorphic granular와 동의어이다.

### 반자형입상조직(subhedral granular texture*)

구성 입자는 대부분 반자형이며 이 조직은 반려암과 같은 고철질암에서 관찰된다. hypidiomorphic granular와 동의어이다.

### 타형입상조직(anhedral granular texture*)

구성 입자는 대부분 타형을 보이며 규장질암에서 관찰된다. allotriomorphic granular와 동의어이다.

이상 소개한 세 가지 조직은 명확한 경계로 구분할 수 없기 때문에 다분히 주관적이다. 따라서 하나의 암석에서도 세 형태의 결정형이 모두 관찰될 수 있어 대부분의 경우에 용어를 복합해서 쓰게 된다. 예를 들어, 자형 결정과 타형 결정이 반반씩 관찰되면 자형 및 타형입상조직이라 부른다.
　일반적으로 규장질암에서 고철질암으로 갈수록 자형 결정이 많이 관찰된다. 그 이유는 하나의 결정이 자형을 이루기 위해서는 그 결정의 정출이 끝날 때까지 용융상태에서 성장해야 하는데, 규장질암은 모든 구성 광물이 상대적으로 좁은 온도 범위에서 정출되는 반면 고철질암은 넓은 온도 범위에서 정출되기 때문이다. 반상조직의 반정이 정출 후 용식되지 않는 한 대부분 자형을 이루는 이유가 설명된다(4장의 반상조직 참고). 반면에 반려암에 함유된 석영이나 휘석암에 함유된 사장석은 다른 광물이 모두 정출된 후에 결정의 틈새에서 정출되기 때문에(4장의 간극조직 참고) 이러한 결정은 타형을 보일 수밖에 없다. 1기압에서 화강암과 반려암의 용융 온도는 각각 740℃와 940℃이다(Turner, 1980). 이로 보아 고철질 마그마가 규장질 마그마보다 정출온도의 범위가 넓음을 알 수 있다.

## 44 자형입상조직의 보통각섬암

대부분 보통각섬석으로 구성된 등립입상조직의 보통각섬암이다. 자형의 보통각섬석은 C축에 직각으로 잘려 두 방향의 쪼개짐이 124°로 교차하는 입자와 C축에 평행하게 잘려 한 방향의 쪼개짐을 보이는 입자로 나뉜다. 1° 회색을 띠고 장엽상 단면을 보이는 광물은 사장석이다. 단니콜의 보통각섬암은 다색성을 띠는 자형 보통각섬석의 윤곽이 선명하게 보인다.

전북 장수군 장수읍 석천리
직교-단니콜, 34배

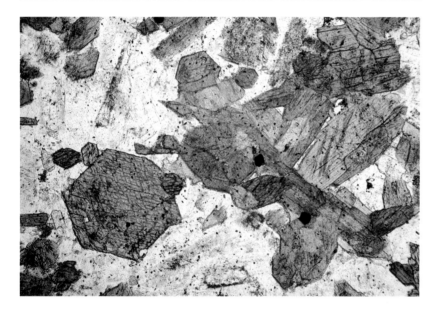

## 45 반자형입상조직의 반려암

사장석, 휘석, 감람석 등으로 구성된 반려암(반려암 노라이트)이다. 사장석 결정 사이에서 입간조직을 보이는 석영은 타형이다. 구성 광물은 대부분 반자형 입상이다.

경남 함양군 마천면 군자리
직교니콜, 34배

## 46 타형입상조직의 화강반암

정장석과 사장석이 반정과 석기를 구성하였으며 석기에 흑운모가 다소 함유되어 있다. 대부분 타형 입자로서 규장질 반심성암이다. 현재의 현미경 시야에서는 반정이 관찰되지 않는다.

대전광역시 유성구 신봉동
직교니콜, 34배

## 비등립상조직(inequigranular texture)

입자의 크기가 매우 달라 나온 용어인데, 세리에이트조직과 같이 암석 전체에 해당되거나 국부적으로 이루어지는 현상이다. 하나의 박편에서 아래에 소개되는 조직을 한 종류 이상 관찰할 수 있다.

### 세리에이트조직(seriate texture)

주 구성 광물의 장경이 대·중·소의 여러 크기를 가진 조직이다. 이는 앞서 나온 표 1의 분류에서 이 조직의 입자 크기가 분류 단위 두 범위 이상에 해당될 때이다. 흔히 용암이나 규장질 반심성암에서 관찰되는 이 조직은 입자의 크기가 유리질 석기로부터 세립질, 중립질에 이르도록 골고루 분포한다. 세리에이트조직은 화성암과 변성암 모두에서 관찰되고 사용되는 용어이다. 화성암에서 마그마가 천천히 상승하는 동안 냉각 속도가 점이적으로 변함에 따라 상대적으로 큰 결정에서 작은 결정에 이르기까지 고루 정출되어 생기는 조직이다. 만약 이러한 마그마가 용암류로 최종 분출되면 유리질 입자까지 갖추게 된다.

### 반상조직(porphyritic texture)

상대적으로 큰 결정이 더 작은 입자의 광물군 내에 있을 때의 조직으로 이때 큰 결정을 반정, 작은 입자로 된 바탕을 석기라고 한다. 이 조직은 주로 용암이나 반심성암에서 관찰되며 2장에서 소개한 단절조직에 해당된다.

반상조직은 마그마의 냉각 속도가 매우 다른 두 환경이 주어질 때 형성된다. 이 조직은 마그마가 고온에서 천천히 식을 때 정출된 입자가 큰 광물군(반정)과 저온에서 빨리 식을 때 정출된 상대적으로 입자가 작은 광물군(석기)으로 구성되기 때문에 세대가 다른 2~3 광물군이 공존하는 셈이다. 따라서 반정은 석기보다 먼저 정출된 것이다.

현미경 아래에서 이 조직을 관찰할 때 반정이 자형(사진 23, 50)을 이루고 석기에 의해 용식된 만형상조직(사진 29, 30, 31)을 보이는 현상은 이들의 정출순서를 잘 설명해 준다. 합성 광물 실험에서도 위의 사실이 입증된다. 투휘석[CaMg(SiO₃)₂]과 회장석(CaAl₂Si₂O₈)계의 정출 실험(Bowen, 1915)을 보면 공융점 이상의 온도에서는 용액의 성분에 따라 두 광물 중 한 종류만 정출(반정)되다가 공융점 온도에서는 두 광물이 같이 정출(석기)된다.

반상조직은 위에 소개한 경우와 같이 반드시 다단계 정출 작용에 의해서 형성되는 것은 아니다. 중립 또는 조립질 기질에 거정의 알칼리 장석 반정이 생기기도 하며(⑩ 반상 화강암) 현무암질 마그마처럼 실리카의 함량이 적은 용액이 일정한 속도로 냉각될 때에는 흔히 반상구조가 형성된다(⑩ 반상 반려암). 이러한 구조의 공통점은 큰 입자 내에 미세한 광물들이 포유물로 함유된다는 점이다(사진 63). 이러한 현상은 큰 입자가 작은 입자보다 정출이 먼저 시작되었거나 작은 입자의 정출 이전에 큰 입자로 이미 성장을 완료했음을 의미하지는 않는다. Swanson(1977), Lofgren(1980), 그리고 Cashman과 Ferry(1988)는 조립질 입자가 오랫동안 서서히 냉각하는 환경뿐만 아니라 적은 과냉각에 의해서 결정핵소의 수가 적고 성장 속도가 빠른 광물이 선택적으로 큰 입자로 정출된다고 보고하였다.

- 미반상조직(microporphyritic texture*)  때로는 반정도 현미경 아래에서나 식별되는 미정질인데 이러한 반정을 미반정(microphenocryst*)이라 한다. 미반상조직은 반정이 미반정인 반상조직이다.
- 유리질반상조직(vitrophyric texture*)  석기가 유리질로 되어 있는 반상조직이다.
- 유리결정질조직(hyalocrystalline texture*) 준결정질조직(semicrrystalline texture*)이라고도 하며 결정질 반정과 유리질 석기가 반반(5:3 또는 3:5)일 때이다.
- 무반정상조직(aphric, nonporphyritic texture) 반정이 전혀 관찰되지 않고 미정질 또는 유리질로만 되어 있는 조직으로 유문암에서 흔히 관찰된다.
- 취반상조직(glomeroporphyritic texture) 반상조직의 변종으로 반정이 2개 이상의 광물로 구성된 것이다. 이러한 광물의 집합체를 취반상 결정(glomerocryst*)이라 한다. 일부 암석학자들은 취반상 결정이 동일 광물이면 취반상조직, 여러 종류의 광물이면 집적취반상조직(cumulophyric texture*)이라고 하는데 지금은 구별 없이 전자만을 사용하며 glomerophyric은 취반상과 동의어이다. 이 조직은 앞에 소개한 반상조직과 생성 기구, 반정과 석기의 정출순서 등이 모두 동일하다. 단지 몇 개의 광물군이 반정을 이루는 특수한 환경이 필요하다. 두터운 용암류나 두터운 층상 관입암상에서 마그마가 분화하는 동안 상대적으로 비중이 작은 사장석은 위로 뜨고(부유분별), 비중이 큰 휘석이나 감람석은 아래에 가라 앉아 (중력분별) 각각 밀집됨으로써 이 조직이 형성된다. 반상조직과 취반상조직의 반정이 용액에서 먼저 정출된 점은 구과상조직의 구과와 동일하나 양자는 형태나 환경에 차이가 있다(4장 구과상조직).

- 시너시스반상조직(synnersis porphyritic texture*) 반상조직의 석기에서 최초의 반정은 세립질 입자의 정출로 시작된다. 이 조직은 석기가 고화되기 전에 특별히 큰 새로운 반정이 점차 성장함에 따라 인접해 있던 작은 반정과 접하거나(삼분 비등립상의 경우), 큰 반정끼리 접하게 되어 마치 중첩 성장된 조직같이 되거나(이분 비등립상의 경우), 인접한 세립 반정을 흡수하여 형성된다. 그리스어 'synnersis'는 '함께 수영하다'라는 뜻이며 이 조직은 화산암과 반심성암에서 종종 관찰된다. 이상 세립질 반정과 조립질 반정의 생성 시기를 연속성으로 설명하였다. 그러나 학자에 따라서는 세립질 반정의 정출이 끝나기 전에 조립질 반정의 정출이 시작되는 중복성으로 설명하기도 한다.

- 오셀라조직(ocellar texture*) 규장질 화산암이나 황반암에서 관찰된다. 자형의 반정 주위나 주상 결정핵소를 중심으로 정출된 세립의 엽상 또는 침상 결정이 내부 광환을 이룬다. 이 광환은 대부분 한 종류의 광물로 구성된다. 내부 광환의 외곽은 바탕의 성분과는 달라 단순한 유리질 또는 규산염 광물에 의한 외부 광환이 형성되며, 이 외부 광환과 더 외곽의 바탕(석기)과의 경계는 점이적이다. 예를 들면 석영 주위의 흑운모 광환에 석영 – 사장석 외부 광환 오셀리 또는 스펜 주위의 사장석 – 흑운모 광환 오셀리가 있다. 이 조직은 두 마그마의 혼합을 의미한다. 이 조직과 5장에서 소개하는 두상조직과는 차이가 있다. 전자는 마그마에서 정출된 광물이고 후자는 화성쇄설성 입자가 덧붙은 것이다.

## 47 세리에이트조직의 안산암

입자의 크기가 최대 0.85mm로부터 석기의 유리질에 이르도록 다양한 입도를 보이는 보통각섬석 안산암이다.

전남 여수시 소라면 현천리
직교니콜, 34배

## 48 세리에이트조직의 화강반암

석영, 정장석, 사장석, 흑운모로 구성된 화강반암이다. 입자의 크기는 최대 0.66mm로부터 은미정질까지 매우 다양하다.

충남 옥천군 청산면 삼방리
직교니콜, 34배

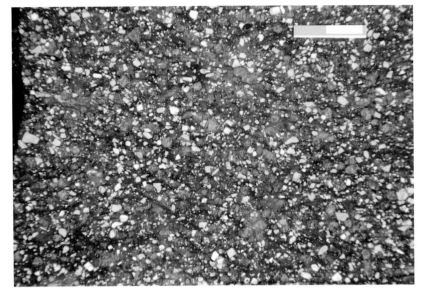

### 49 육안으로 본 반상조직

반정과 석기가 관찰되는 표품 사진이다. 반정은 3mm 이하의 현정질 자형 또는 반자형 사장석으로 구성되어 있어 안산암임을 말해 주며 석기는 미정질 또는 은미정질이다. 안산암편이 소량 함유되어 있다.

전남 여수시 돌산읍, 소미산
눈금자 2cm

### 50 석기와 반정으로 구성된 반상조직

카알스바드 쌍정을 보이는 세립 내지 중립질 입자는 새니딘 반정이고, 은미정질 또는 마이크롤라이트 새니딘으로 된 미세한 입자는 석기이다. 조면암에서 관찰한 이러한 반상조직은 용암뿐만 아니라 반심성암(사진 2, 59)에서도 관찰된다.

제주도 서귀포시 안덕면, 산방산
직교니콜, 68배

## 51 미정질 반정으로 구성된 미반상조직

대부분 0.09mm 이하인 미정질 사장석 반정으로 구성된 미반상 안산암이다. 석기는 은미정질 또는 유리질로 구성되어 있다. 단니콜에서 반정은 윤곽이 뚜렷하여 크기가 명확히 드러난다.

전남 여수시 율촌면 산수리
직교-단니콜, 136배

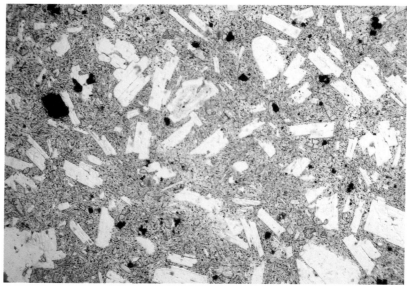

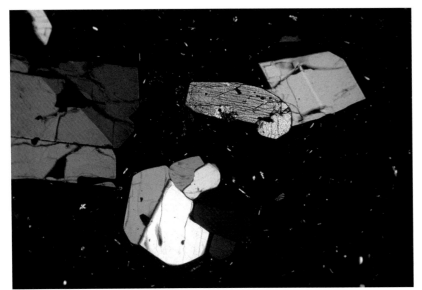

## 52 유리질 석기로 된 유리질반상조직

흑요암의 현미경 사진으로, 석기는 직교니콜에서 소광상태이고 단니콜에서 투명한 것으로 보아 등방성 유리질이다. 석기에 점점이 보이는 미세한 밝은 입자는 편광성 마이크롤라이트이다. 반정은 새니딘과 보통각섬석으로 구성되어 있다. 단니콜에서 관찰되는 광물은 뚜렷한 다색성을 보이는 보통각섬석이 유일하다. 석기가 유리질로 되어 있어 유리질반상조직이다.

백두산 북측사면, 해발 약 2,300m
직교–단니콜, 34배

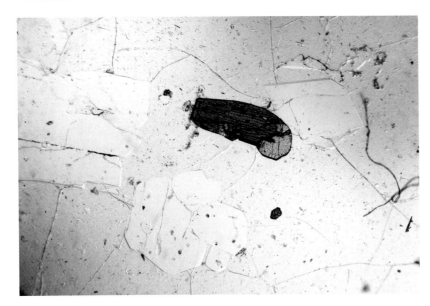

## 53 결정질 반정과 유리질 석기로 된 유리결정질조직

화산력 응회암에 함유된 화산력 암편 하나를 촬영한 것이다. 암편의 성분은 반정이 대부분 견운모로 변질된 정장석과 소광상태의 유리질 석기로 된 유문암편이다. 결정질 반정의 양이 유리질 석기보다 약간 많은 유리결정질조직이다.

전남 여수시 율촌면 가장리, 수암산
직교-단니콜, 34배

## 54 무반정상조직의 미정질 반심성암

입자의 크기는 미정질이며 대부분 석영과 정장석으로 구성된 규장질 맥암이다. 미세한 연충상연정조직도 관찰된다. 미정질 입자의 크기는 비교적 균질하며 반정이 없어 무반정상조직이다.

대전광역시 서구 관저동, 구봉산
직교니콜, 68배

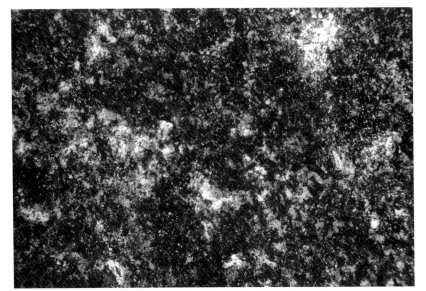

## 55 무반정상조직의 유리질 유문암

유리질 무반정 유문암이다. 시야에 밝게 보이는 1° 백색 간섭색은 석영 또는 알칼리 장석의 마이크롤라이트인 것으로 보인다.

충남 금산군 추부면, 서대산
직교니콜, 34배

## 56 사장석 취반상조직

반정은 주로 사장석이고, 석기는 미정질 사장석과 은미정질 또는 유리질로 구성된 안산암이다. 중앙에 보이는 반정은 여러 개의 사장석 입자로 구성되어 있기 때문에 취반상반정이다. 방사상으로 정출되어 있다.

경북 경주시 산내면 중리
직교니콜, 68배

## 57 석영-장석 연정 취반상조직

반정은 주로 알칼리 장석(새니딘)과 석영 그리고 소량의 보통각섬석으로 석기는 유리질로 구성된 흑요암이다. 중앙 오른쪽에 보이는 취반상반정은 석영과 알칼리 장석의 집합체인데 부분적으로 양자는 연정을 이루었다. 석기가 유리질이므로 유리질취반상조직이다.

백두산 북측사면, 해발 약 2,300m
직교니콜, 68배

## 58 시너시스반정

반정은 대부분 석영과 알칼리 장석(시야 밖에 있음)으로, 석기는 은미정질로 구성된 유문암이다. 이 조직의 생성 순서는 중앙의 밝고 작은 반정(△표), 왼쪽 아래의 회색 큰 반정(×표), 끝으로 석기의 은미정질 광물이다. 반정 ×가 점차 성장함에 따라 먼저 정출된 반정 △에 근접하여 시너시스 반정(삼분 비등립상)을 형성하였다.

전남 여수시 돌산읍 군내리
직교니콜, 68배

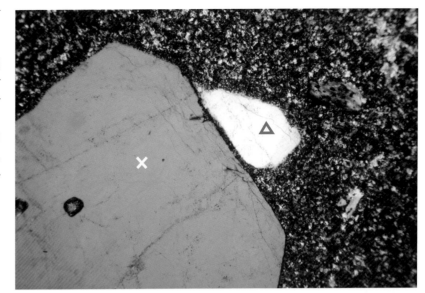

## 59 시너시스반정(2)

중앙의 반자형 석영 입자의 윗변에 다른 세립 석영 입자가 붙어 있어(△표) 하나의 결정 같아 보이지만 실제는 아래쪽 반자형 입자가 성장하여 위의 석영과 맞닿은 삼분 시너시스 반정이다. 세립 문상화강 반암에서 관찰된 것이다. 이 암석의 반정과 석기는 이분 비등립상이며 반정에 붙은 세립 석영(△표)은 석기의 구성 광물이다.

경남 남해군 이동면 신전리
직교니콜, 34배

## 60 시너시스반정(3)

왼쪽 석영 반정과 오른쪽 석영 반정은 둘 다 독립된 반자형 결정형을 보이는 것으로 보아 별개의 결정으로 정출이 시작되었음을 알 수 있다. 두 결정이 점차 성장함에 따라 서로 접한 시너시스조직(이분 비등립상)이 되었으며 사진 58, 59와 달리 두 결정은 동시에 성장한 것으로 보인다. 암석은 유문암이다. 이후에 나올 사진 62 역시 이분 비등립상 반정 2개가 붙은 것으로서 사진 60과 동일한 현상이다.

전남 여수시 돌산읍 군내리
직교니콜, 68배

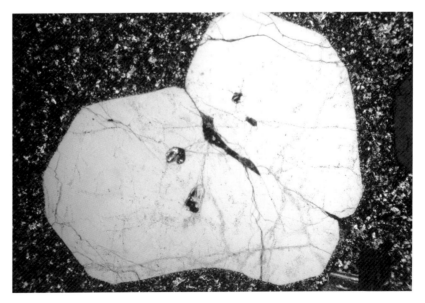

## 61 오셀라조직의 반정

주로 정장석 쇄설물이 다량 함유된 쇄설암이다. 중앙 자형의 불투명 광물은 자철석으로 보이며 자철석 주위는 침상 또는 엽상의 미세한 흑운모가 가느다란 광환(내부 광환, 화살표)을 이룬 오셀리를 형성하였다. 단니콜에서 볼 때 내부 광환 주위는 더 외곽의 바탕보다 밝게 보이는 외부 광환이 형성되어 있다. 이 외부 광환대는 주로 규장질 광물인데 이곳에 있던 고철질 성분은 내부 광환 형성에 흡수, 소모된 것으로 판단된다. 오른쪽 하단의 작은 사진은 외부 광환 윤곽이 뚜렷이 보인다.

전남 여수시 화양면, 비봉산
직교–단니콜, 68배

## 62 오셀라조직의 반정(2)

석영, 정장석, 사장석을 반정으로, 은미정질, 마이크롤로라이트 유리질을 석기로 한 유문암이다. 중앙의 시너시스 반정과 오른쪽 소광상태의 반정은 모두 석영이다. 석영의 주위는 은미정질 1° 암회색 규장질 마이클로라이트로 부분적으로 둘러 싸여 있고(내부 광환, 화살표) 그 주위는 소광상태의 유리질로 역시 환(외부 광환)을 이루어 오셀라 조직을 보인다. 화살표의 광물은 석기의 성분과는 전혀 다르며 석기보다 먼저 반정에 잇대어 정출된 것이다. 따라서 이 암석의 반정은 정출 시기가 다른 중앙의 석영과 그 주위의 규장질 광물로 구성되어 있으며 그 바깥은 소광상태의 유리질로 둘러 싸여 있다. 오른쪽 소광상태의 석영은 직교니콜에서 확실한 오셀라조직을 보인다. 단니콜의 사진에서는 직교니콜에서 소개한 동심원 현상을 관찰할 수 있다. 특히 동심원의 가장 외곽에는 오셀리의 형성 과정에서 외곽으로 밀려난 미세한 불투명 광물 테두리(단니콜, 화살표)가 형성되어 있다.

전남 여수시 화양면, 비봉산
직교−단니콜, 68배

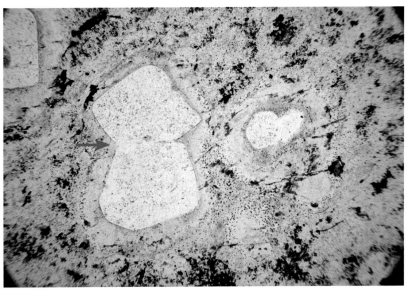

**포유조직(poikilitic texture\*)**

상대적으로 큰 타형 결정 내에 여러 개의 작은 결정이 포유물로 함유된 형태이다. 포유물은 큰 결정의 중앙보다 변두리로 갈수록 증가하는 경향이 있다. 이 조직의 큰 결정을 **모결정**(oikocryst\*, enclosing crystal)이라 하고 작은 결정을 **포유결정**(chadacryst\*, enclosed crystal)이라 한다. 모결정은 광학적으로 균질한 단일 광물이고, 포유결정은 한 종류 또는 여러 종류의 입방체형 광물이 많으며 크기와 방향은 일정하지 않다. 참고로 큰 결정에 포위되어 있는 작은 입자와 같이 성인과 관계없이 단지 포위된 형태만을 나타내는 용어는 포유물(inclusion)이다. 따라서 포유결정은 포유물의 일종이다.

성인적으로 이 조직은 포유결정이 먼저 정출되고 주변의 잔류용액이 이들을 포유하여 모결정을 형성시킨 것이다. 두 결정의 접촉부에 교대작용의 흔적이 없는 것으로 보아 정출 시기가 다른 두 단계가 있으며, 이는 규장질암보다 고철질 또는 초고철질암에서 이 조직이 더 잘 관찰되는 이유가 된다. 반려암의 현미경 관찰에서 단사휘석 모결정에 감람석 포유결정, 보통각섬석 모결정에 감람석과 휘석 또는 휘석만의 포유결정으로 구성된 이 조직을 자주 볼 수 있다. 화성 중성암에 속하는 몬조나이트에서도 사장석, 오자이트, 흑운모, 인회석을 포유한 정장석 모결정이 관찰된다(Hatch 외, 1961). 위에 소개한 예들은 광물의 정출순서가 잘 반영되어 있다. 드물게는 전마그마기에 정출된 광물을 후마그마기에 농집된 규장질 용액이나 열수용액으로부터 정출된 석영 또는 정장석 모결정이 포유하여 이 조직을 만든다.

가장 이상적인 포유조직은 고철질 또는 초고철질암에 발달되는 화성층상구조에서 관찰된다. 즉 마그마의 아래 부분에 먼저 정출되어 가라앉은 집적결정을 잔류 마그마에서 정출된(모결정) 누적 후 결정에 포유된 경우이다. 다단계 정출 작용의 좋은 예이기도 하다(6장의 집적암조직).

모결정을 정출시킨 잔류용액(잔류 마그마)의 양에 따라 포유조직이 되거나 간극조직이 된다. 다시 말해 그 양이 충분하면 전자가, 불충분하여 입자의 틈새를 채울 정도이면 후자가 된다(정지곤 외, 2011; 사진 65). 두 경우 모두 교대작용은 관여되지 않는다. 장석류를 교대한 미세한 견운모나 앞에서 설명한 3차원에 의한 조직(골격상조직, 만형상조직 등)은 형태는 유사하나 교대작용이 관여되었기 때문에 포유조직과 구별한다.

포유조직에는 다음과 같은 변종이 있다. 이 변종은 성인과 형태가 포유조직과 동일하나, 포유조직이 모결정과 포유결정 광물의 종류에 관계없이 사용되는 반면 변종 조직은 휘석(보통은 단사휘석) 모결정에 사장석 포유결정인 경우에만 사용된다. 변종 조직에서 휘석은 Ca 함량이 많은 사장석보다 나중에 정출되는데 상대적으로 사장석보다 결정핵소의 생성률이 낮아 잔류용액에서 늦게까지 성장하므로 큰 모결정이 된다.

- 오피틱조직(ophitic texture) 휘석 모결정 내에 장엽상 사장석 포유결정이 완전히 포위된 상태이다. 만약 휘석 모결정을 정출시킬 용액이 적으면 그 양에 따라 준오피틱조직을 거쳐 입간조직이 된다.
- 준오피틱조직(subophitic texture\*) 길게 신장된 사장석 포유결정은 휘석 모결정 내, 모결정의 경계에 걸쳐서 또는 모결정 밖에 산재된 형태이다.
- 포이킬로피틱조직(poikilophitic texture\*) 휘석 모결정 내에 신장되지 않은 판상 사장석 포유결정과 입방체상 감람석 포유결정이 함유된 조직이다.
- 오피모틀조직(ophimottled texture\*) 입자가 작은 몇 개 또는 수십 개의 휘석 모결정이 있고, 세립의 사장석 포유결정은 모결정 내부나 경계에, 그리고 모결정 밖에 산재되어 있다. 위에 소개한 3개의 조직은 단일 모결정과 여러 개의 포유결정과의 관계인 점에서 오피모틀조직과 다르며, 이 조직은 입자가 작은 준오피틱조직을 여러 개 묶어놓은 형태와 같다.

## 63 육안으로 본 포유조직

표품 사진이다. 반려암에서 관찰된 조직으로 암회색 광물은 보통각섬석이고 우백색 광물은 주로 사장석이다. 10mm 이상의 조립질 단일 보통각섬석 결정 내에는 주로 2mm 미만의 사장석이 포유광물로 함유되어 있다. 이 부분의 현미경 관찰에 의하면 포유광물에는 사방휘석도 함유되어 있다.

경남 산청읍 송경리 임촌
눈금자 2cm

## 64 포유조직-보통각섬석 모결정

반려암에 형성된 포유조직이다. 오른쪽의 조립질 모결정은 녹색의 보통각섬석이고 그 안에 포유된 포유결정은 사장석, 휘석, 불투명 광물 등이다. 모결정은 광학적으로 균질한 하나의 결정이다. △표시의 휘석은 포유결정이고 화살표의 휘석은 모결정 밖의 것이다. 포유결정 휘석의 Fs/Fs+En는 0.20이고 화살표 휘석은 0.21로서 둘 다 셀라이트에 해당되는 유사한 성분이다. 두 광물의 정출 시기가 동일함을 의미한다.

경남 산청읍 송경리 임촌
직교니콜. 34배

## 65 포유조직과 간극조직-방해석 모결정

복굴절 값이 높아 영롱하게 보이는 방해석 모결정에 이상석류석(anomalous garnet*) 포유결정이 함유된 포유조직이다. 방해석의 양이 오른쪽으로 갈수록 많아져 이 부분은 방해석 모결정으로 포유조직을 보이나 왼쪽의 방해석은 석류석 틈새를 충전한 간극조직을 보인다. 이러한 현상은 방해석이 석류석보다 후기에 정출한 점과 모결정을 형성한 용액의 양에 따라 포유조직도 되고 뒤에 설명할 간극조직도 됨을 의미한다.

울산광역시 울산철광
직교니콜. 34배

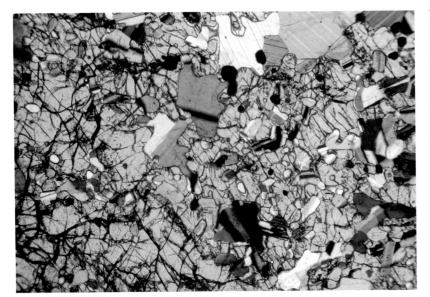

## 66 포유조직-감람석 모결정

불규칙한 쪼개짐을 보이는 녹청색의 감람석 모결정 내에 많은 사장석이 포유되어 있는 포유조직이다. 사장석이 감람석보다 먼저 정출된 것으로 보아 사장석의 성분은 An 함량이 매우 높은 것으로 보인다. 암석은 함사장석 초고철질암이다.

경남 산청군 차황면 부리
직교니콜, 34배

## 67 포유조직-정장석 모결정

거정의 정장석 모결정 내에 미사장석이 다수 포유되어 형성된 포유조직이다. 정출온도의 범위가 좁은 규장질 암석에서 포유조직은 드물게 관찰되나 이 조직은 정마그마기에 정출된 미사장석을 거정암기에 정출된 정장석이 포유한 것으로 보인다.

대전광역시 대덕구 송강동
직교니콜, 34배

## 68 포유조직과 만형상조직

포유조직과 만형상조직이 때로는 매우 흡사하다. 암석은 화강섬록암이다. 왼쪽 보통각섬석(×표)에는 타원형의 밝은 석영이 포유되어 있고, 오른쪽 보통각섬석(△표) 내에는 하트 모양(백색 화살표)과 안경 모양의 변질된 사장석 포유물이 관찰된다. 두 보통각섬석 사이에는 변질된 사장석(검은 화살표)이 보통각섬석을 교대한 것이 보인다. 이 사장석과 오른쪽 보통각섬석 안의 사장석은 동시에 소광하므로 동일 광물이기 때문에 오른쪽 보통각섬석과 굵은 화살표의 사장석은 만형상조직을, 왼쪽 보통각섬석 내의 석영은 포유조직을 이루었다.

경남 거창군 봉산면, 봉두산
직교-단니콜, 34배

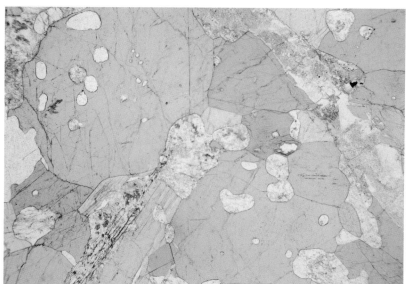

## 69 오피틱조직의 휘석과 사장석

모결정 단사휘석 내에 불규칙한 방향의 사장석이 포유된 오피틱조직을 보이는 회장암이다. 사장석은 휘석 내에 완전히 포위되어 있다. 하나의 휘석 결정에서 간섭색이 부분적으로 다른 것은 성분의 미세한 차이에 의한 것이다.

경남 산청읍, 웅석봉
직교-단니콜, 34배

## 70 준오피틱조직의 휘석과 사장석

세립질 사장석과 휘석을 함유한 현무암이다. 조면암조직을 보이는 사장석은 산재된 휘석(1° 밝은 회색) 내에, 휘석 입자에 걸쳐서, 그리고 휘석 밖에 산재되어 있다.

제주도 서귀포시 표선면 신풍리
직교니콜, 34배

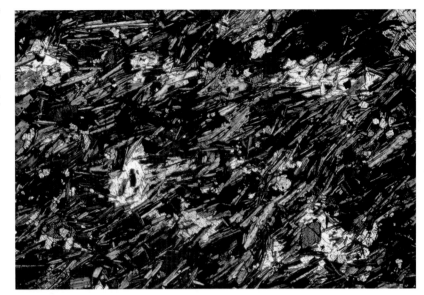

## 71 준오피틱조직의 휘석과 사장석(2)

대부분 단사휘석 반정과 세립 또는 미정질 사장석, 투각섬석, 흑운모 등을 석기로 하는 반려반암이다. 신장된 사장석 포유결정이 단사휘석 모결정 내, 경계, 그리고 모결정 밖에 산재되어 있어 준오피틱조직이다. 단니콜에서 휘석과 사장석의 경계가 잘 드러난다.

경남 산청군 생초면, 본통령
직교-단니콜, 34배

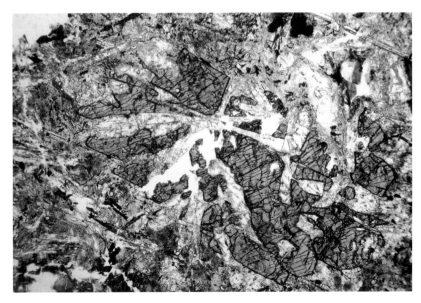

## 72 포이킬로피틱조직의 휘석·사장석 ·감람석

평행소광을 보이고, 연한 갈색의 사방휘석 모결정(사진의 중앙 아래, △표) 내에 깨어짐이 불규칙하며, 양각이 높은 감람석(×표)과 쌍정을 보이는 대소 사장석이 포유광물로 함유되어 있다. 감람석, 사장석의 정출 후에 사방휘석이 정출되었으며 감람석과 사장석의 선후 관계는 직접 접한 곳이 없어 불확실하다. 암석의 종류는 반려암이다.

경남 산청군 차황면 부리
직교니콜, 34배

## 73 오피모틀조직의 모결정 휘석과 사장석

연두색과 청색을 보이는 단사휘석 모결정이 밀집되어 있고 이와 준오피틱 관계로 침상의 사장석이 결합되어 오피모틀조직을 이룬다. 사장석은 부분적으로 일정한 방향으로 배열된 조면암조직을 보인다. 휘석 외에 감람석 반정도 다수 관찰되는 이 암석은 휘석 – 감람석 현무암이다.

경북 포항시 남구 학계리
직교니콜, 34배

## 간극조직(interstitial texture*)

간극조직은 먼저 정출된 결정들의 공극이 잔류용액에서 정출된 결정으로 채워진 조직이다. 결정면 사이의 공극에서 정출되므로 후기 광물은 대부분 타형이고 결정핵의 종류나 성장률에 따라 단일 광물 또는 광물의 집합체가 된다.

이 조직의 형성은 휘석 – 사장석계의 합성 광물 실험(Bowen, 1915)으로 설명된다(그림 8).

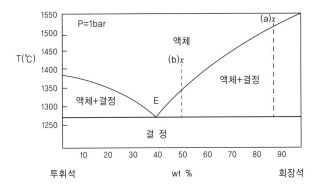

그림 8. 투휘석-회장석 2성분계의 정출. 성분 (a)는 입간조직(휘록암 조직)을, 성분 (b)는 오피틱조직을 최종으로 형성한다. E는 공용점이다.

성분 (a)는 주상 또는 침상 사장석(회장석) 결정을 다량 정출시켜 결과적으로 남은 소량의 잔류용액이 먼저 정출된 사장석 결정 사이에서 정출되므로 입간조직이 된다. 성분 (b)는 이와 반대로 소량의 사장석이 정출되는데, 잇달아 정출된 휘석 결정이 포유하여 오피틱 또는 준오피틱조직을 형성한다.

간극조직은 공극 주위의 광물과 공극에 정출된 광물의 종류에 관계없이 사용되는 용어이며, 이 조직이 특정 광물로 이루어지면 다음과 같은 조직명이 된다.

• 충간상조직(intersertal texture*) 반상조직을 보이는 고철질 용암 또는 고철실 반심성암에서 흔히 관찰된다. 불규칙하게 산재된 주상 내지 침상 사장석 결정이 이룬 쐐기 모양의 공극에 유리질 또는 은미정질 입자가 전체 또는 부분을 채울 때 충간상조직이 된다.

– 유리기류정질조직(hyalopilitic texture) 충간상조직의 장석이 불규칙하게 산재된 마이크롤라이트이고 그 사이가 유리질(마이크롤라이트 제외)로 되어 있는 조직으로서 용암에서 흔히 관찰된다.

– 교직조직(pilotaxitic, felty texture) 유리기류정질조직의 기질에서 주상 장석 마이크롤라이트 사이를 채운 입자가 은미정질로 되어 있으면 교직조직이 된다. 충간상조직의 사장석은 주상 또는 침상의 결정이고, 교직조직의 장석은 유리질 마이클로라이트인 차이를 보인다.

– 유리질오피틱조직(hyalophitic texture) 오피틱조직이 입간조직으로 또는 그 반대로 점이되듯이 충간상조직에서 유리질이나 은미정질 입자가 증가하면 사장석은 충간상조직과 반대로 유리질 입자 사이에 완전히 또는 부분적으로 포유된 조직으로 점이된다.

• 입간조직(intergranular texture) 중성 또는 고철질 용암, 반심성암 및 심성암에서 모두 관찰된다. 주상 또는 침상 사장석 결정으로 둘러싸인 공극에 단일 또는 몇 개의 Fe-Mg 광물(휘석±감람석, 불투명 광물)이 정출된 조직이다. 포유조직이나 오피틱조직과는 달리 공극 주변의 사장석 결정은 몇 개로 이루어진 단절 광물이기 때문에 광학적 균질성은 없다. 이 점은 충간상조직과 동일하다. 공극 주변의 사장석들은 준방사형, 준평행형, 쐐기형 등 다양한 배열을 보인다. 충간상조직과 입간조직은 한 박편 내에서도 서로 분리되거나 인접하여 관찰되기도 한다.

미주 지역에서 사용되는 용어인 휘록암은 라브라도라이트와 휘석을 주성분으로 하며 대양 지각의 상부에 관입암상 또는 암맥 형태로 관입한 고철질암인데 오피틱조직과 입간조직이 잘 발달되어 있다. 휘록암조직은 그러한 조직이 발달된 휘록암에서 나온 조직명이다. 독일에서는 제3기 이전의 현무암을 지칭한다.

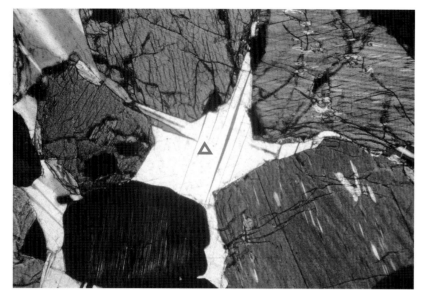

## 74 간극조직의 사장석

이 암석은 90% 이상이 사방휘석, 그리고 소량의 사장석으로 구성된 함사장석 휘석암이다. 사방휘석의 결정 틈새(간극)에 정출된 후기의 사장석(△표)은 Na-사장석으로 보인다. 사방휘석에는 잔류용액(사장석)에 의한 용식의 흔적은 없다.

경기도 양평군 양평읍 회현리
직교니콜, 68배

## 75 간극조직의 석영

연두색 큰 입자는 갈렴석이고 이 결정의 틈새에서 정출된 결정은 1° 암회색과 백색의 위상차를 각각 보이는 석영이다(화살표). 갈렴석은 대부분 화강암, 화강암질 거정암, 섬장암 등에서 산출되나 때로는 고철질 마그마의 최종 분화 산물이기도 하다. 사진의 갈렴석은 회장암에 수반된 것으로 고철질 마그마의 최종 분화물이므로 후기 정출 광물로 석영을 기대할 수 있다. 단니콜에서 갈렴석 결정 사이에 정출된 석영의 형태가 뚜렷하다. 이 암석은 반려암질 거정암이다.

경남 하동군 옥종면 두양리
직교-단니콜, 68배

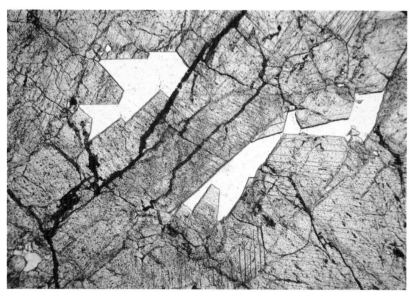

## 76 간극조직의 석영(2)

주로 안데신 성분의 사장석과 보통각섬석, 그리고 소량의 변질된 흑운모와 5% 이상의 석영으로 구성된 석영 섬록암이다. 이 암석의 구성 광물 중에 석영은 최종으로 정출되었으며, 정출 위치는 당연히 입자와 입자 사이(간극)이다. 사진의 중앙에 1° 백색의 석영이 사장석과 보통각섬석 입자 사이에 정출되어 간극조직을 이루고 일부 사장석은 석영에 포획되어 포유조직을 이룬다. 석영보다 먼저 정출된 오른쪽의 보통각섬석이 자형을 이룬 것에 주목된다.

경남 하동군 양보면 우복리
직교니콜, 34배

## 77 간극조직의 방해석

시야의 중앙에서 오른쪽과 아래로 위상차가 높아 영롱한 방해석이 보이고, 그 주변에 간섭색 1° 암회색의 반자형 석영, 그리고 방해석에 포획된 중앙 아래의 전기석(△표)과 오른쪽 아래에 암갈색의 전기석(△표)이 관찰된다. 방해석은 석영 입자 사이에 정출되어 간극조직을 형성한다. 석영은 방해석과 접한 부분에만 고유 결정면이 발달되어 있는데, 방해석의 정출전에는 이 부분이 빈 공간이거나 용융상태여서 자유롭게 정출될 수 있는 환경임을 의미한다.

경남 산청읍 내수리
직교니콜, 34배

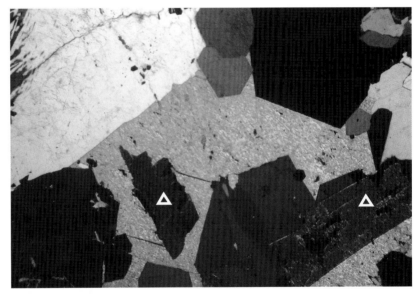

## 78 간극조직과 석기

3개의 조립 정장석 결정으로 이루어진 삼각형으로 된 간극에 미세한 연충상 연정, 석영, 흑운모 입자들로 채워져 간극조직(화살표)을 형성하였다. 간극을 충전한 광물들은 섬장반암의 석기를 구성한 광물과 동일하며 이러한 현상은 대부분 단일 광물로 충전되는 간극조직과 대조적이다. 간극 주변의 조립 정장석 결정은 섬장반암의 반정이다.

충남 서산군 팔봉면 성리
직교니콜, 68배

## 79 간극조직과 쪼개짐

이 암석은 주로 사장석으로 구성된 거정질 회장암인데 변성을 받아 투각섬석, 방해석 등이 정출되었다. 사진 중앙의 1° 밝은 회색 결정은 투각섬석이며 거정의 사장석 쪼개짐을 따라 충전하여 간극조직을 이루었다.

경남 산청군 금서면 특리
직교니콜, 34배

## 80 간극조직의 전기석

이 암석은 미정질 전기석 화강반암이다. 간섭색 1°에 해당되는 광물은 대부분 석영과 정장석이고 그 외에는 소량의 사장석이다. 이들 미정질 입자 사이에 충전 정출되었거나(간극조직) 규장질 입자를 포유한 갈색 광물은 전기석이다. 따라서 간극조직과 포유조직은 후기 광물인 전기석을 정출시킬 마그마의 양에 의해서 결정된다. 이러한 현상은 사진 65에서 설명한 것과 같다. 단니콜에서는 연두색 다색성을 띠는 전기석과 투명한 규장질 광물의 분포가 잘 드러난다.

경남 함안군 군북면, 군북광산
직교-단니콜, 34배

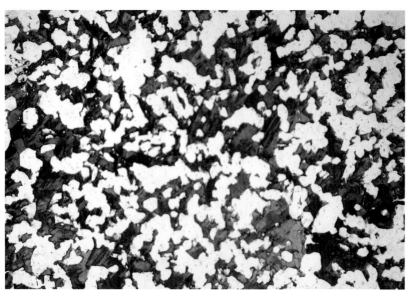

## 81 충간상조직의 감람석 현무암

이 현무암은 세립 내지 중립질 감람석이 큰 반정을 이루고(시야 밖에 있음) 시야에는 미정질 사장석(작은 반정)과 은미정질 또는 유리질 입자가 석기를 이룬다. 따라서 앞에서 소개한 삼분 비등립상 반상조직에 해당된다. 쐐기 모양을 이룬 미정질 사장석 입자 사이가 은미정질 또는 유리질 입자로 구성되어 있어 충간상조직이다. 이 조직에서 사장석 작은 반정은 결정질이어야 한다.

제주도 서귀포시 표선면 신풍리
직교니콜, 68배

## 82 유리기류정질조직과 새니딘 마이크롤라이트

불확실한 결정 형태와 간섭색을 보이는 조면암의 새니딘 마이크롤라이트가 조면암조직을 보인다. 마이크롤라이트 사이는 유리 또는 결정배로서 등방성 소광상태이다. 충간상조직(사진 81)의 사장석 반정은 결정질이고 유리기류정질조직의 반정은 유리질 마이크롤라이트인 점에 차이가 있다. 단니콜에서의 시야는 유리질임을 말하는 무색 투명한 상태이고 비교적 양각이 높은 광물이 산재되어 있는데 이 광물은 2차적 변질광물로서 녹렴석이다.

제주도 서귀포시 안덕면, 산방산
직교-단니콜, 34배

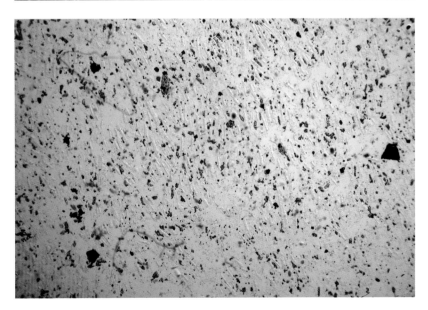

### 83 유리기류정질조직과 규장질 광물의 마이크롤라이트

대각선 방향(오른쪽 위-왼쪽 아래)으로 희미한 유동조직이 보이고 석영 또는 장석으로 생각되는 1° 회백색 간섭색의 결정배 또는 마이크롤라이트가 군데군데 무리 지어 있는 유문암이다. 마이크롤라이트 사이는 유리질 입자(유리 내지 결정배)로 되어 있어 유리기류정질조직을 나타낸다. 유리 또는 결정배는 단니콜에서 확인된다.

전남 여수시 중촌 일대
직교니콜, 136배

### 84 교직조직과 은미정질 입자

주상 결정은 대부분 사장석 마이크롤라이트이고 그 사이는 미정질 또는 은미정질 입자와 소량의 유리질 입자로 구성되어 있는 현무암인데 미정질 입자는 휘석과 감람석이다. 교직조직에서는 사장석 마이크롤라이트 사이의 입자가 결정질인 점이 유리기류정질조직과 다르다. 단니콜에서 보면 투명한 부분은 사장석 마이크롤라이트와 고철질 광물이다. 단니콜로 본 유리기류정질조직과 차이가 있다.

제주도 서귀포시 표선면 신풍리
직교-단니콜, 34배

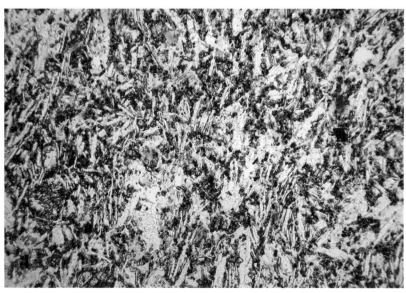

## 85 유리질오피틱조직과 석기

새니딘을 반정으로, 새니딘 마이크롤라이트와 유리질 입자를 석기로 하는 조면암이다. 침상의 새니딘 마이크롤라이트는 장축이 일정한 방향으로 배열되고 동시 소광을 하는 조면암조직을 보이며 유리질 석기 내에 포유되어 있어 유리질오피틱조직을 형성한다. 단니콜에서 관찰할 때 새니딘 마이크롤라이트가 유리질 석기에 포유되어 있음이 분명히 나타나 유리질오피틱조직의 특징을 잘 보여 준다. 만약 유리질 석기의 양이 적고 새니딘의 양이 증가해서 새니딘 사이에 유리질이 있으면 앞에서 설명한 충간상조직이 되거나 유리기류정질조직이 된다.

제주도 서귀포시 안덕면, 산방산
직교-단니콜, 34배

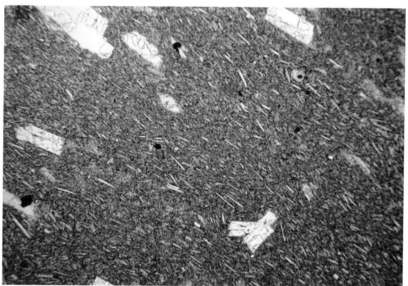

## 86 유리질오피틱조직과 석기(2)

큰 반정은 시야의 밖에 있으며 시야는 작은 반정과 유리질 석기가 관찰되는 안산암이다. 장방형 또는 주상 변질된 사장석(작은 반정)은 유리질 석기에 완전히 묻혀 있는 상태이다. 단니콜에서의 형태는 사진 85 단니콜의 것과 입자의 크기만 다를 뿐 조직의 내용은 동일하다.

경북 경주시 산내면 중리
직교-단니콜, 34배

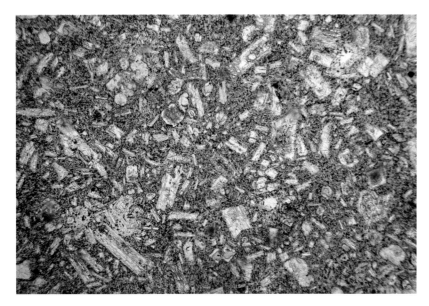

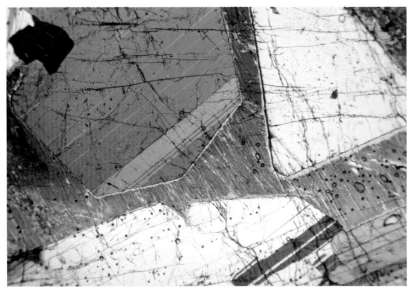

## 87 입간조직의 단사휘석

이 암석은 단사휘석을 함유한 회장암이다. 단사휘석은 사장석 입자 사이의 공간에 정출된 것으로 사장석보다 후기의 광물이며 사장석은 자형을 보인다. 이 조직은 사장석과 휘석과의 선후 관계를 말해 준다.

경남 산청군 단성면 백운리, 화장산
직교니콜, 34배

## 88 입간조직의 단사휘석(2)

단사휘석을 함유한 회장암의 한 부분이다. 각종 쌍정을 보이고 자형 내지 반자형의 사장석 결정 사이사이에 단사휘석이 정출되어 있다. 휘석 내에는 사장석 미세 포획물도 관찰된다.

경남 산청군 단성면 백운리, 화장산
직교니콜, 34배

## 89 입간조직의 티탄철석

라브라도라이트 성분의 사장석이 대부분이고 기타 소량의 단사휘석, 티탄철석(불투명 광물)으로 구성된 회장암이다. 티탄철석은 사장석 입자 사이를 채워 간극조직을 이루거나 사장석 입자를 포획하여 미세 포획물조직을 이룬다. 단니콜에서 티탄철석은 사장석 입자를 타형으로 용식시킨 것이 관찰되며 사장석과 티탄철석의 일부 경계에는 흑운모 반응연을 보인다. 회장암질 마그마의 분화 말기에 정출되는 티탄철석은 사장석보다 후기이므로 간극조직을 이루며 흑운모를 수반하게 된다.

경남 하동군 북천면 화정리 상촌
직교–단니콜, 34배

## 90-91 휘록암조직과 휘록암

휘록암조직이 매우 발달된 암석은 휘록암이다. 위 사진의 암석(사진 90)은 고철질 반심성암으로 미정질 사장석과 휘석으로 구성되어 있으며, 아래 사진(사진 91) 역시 고철질 성분이나 위 사진보다는 입자가 큰 세립질 사장석과 휘석으로 구성된 암주상 심성암으로 보인다. 둘 다 오피틱 또는 준오피틱조직이 매우 발달되어 있다.

충남 천안시 수신면 신풍리
직교니콜, 34배

### 세포상조직(cellular texture)

중간 이상의 과냉각 또는 과포화 상태에서 결정이 급속히 불완전하게 성장하여 얼기설기 정출된 결정 내에 많은 공극이 세포상으로 형성된 조직이다. 공극은 2차적인 미정질 또는 은미정질이나 유리질 입자로 채워진다. 이 조직은 화강암 내 세포상 사장석 결정, 유문암 내 세포상 정장석 결정, 고철질 반심성암이나 화산 용암 내 세포상 감람석, 휘석 결정에서 관찰되는데 모두 갑자기 냉각된 환경에서 생긴다.

이 조직은 형태에 따라 세 가지로 분류된다(그림 9).
* 모난세포상조직(boxy cellular texture*) 직각으로 각이 진 결정 내에 세포가 형성되어 있다. 이 조직은 성장 속도가 빠르고 결정핵 형성률이 낮은 환경에서 이루어진다.

* 스폰지세포상조직(spongy cellular texture*) 둥글둥글하고 약간 신장된 결정 내에 세포가 형성된 것이다. 이 조직은 온도가 더 높고 더 염기성인 마그마와 세포상 사장석이 혼합될 때 다시 가열되어 용해된 결과이다.
* 장엽세포상조직(bladly cellular texture*) 스폰지형이 더 길게 신장된 것으로 세포도 그에 따라 길쭉한 형태이다.

세포상 조직은 골격상조직과 형태가 유사하나 전자의 결정은 자형이고, 후자의 결정은 타형이다.

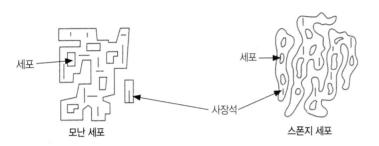 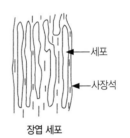

모난 세포 / 스폰지 세포 / 장엽 세포

세포 / 사장석 / 세포 / 사장석 / 세포 / 사장석

**그림 9.** 사장석에서 관찰한 세포상 조직의 세 가지 유형(Hibbard, 1995)

### 92 모난세포상조직과 정장석

정장석과 각섬석이 대부분인 섬장암이다. 정장석(밝은 부분)에는 직각을 이룬 사각형 모난 세포가 형성되어 있으며 사각형 내에는 소광상태의 사장석이 정출되어 있다.

경남 산청읍 내수리
직교니콜, 68배

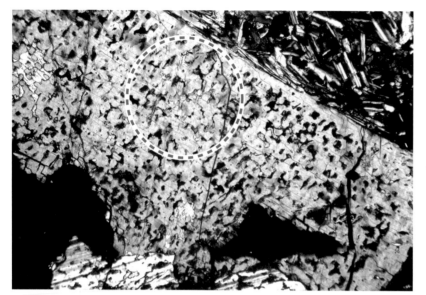

## 93 스폰지세포상조직과 사장석 반정

사장석과 휘석을 반정으로, 석기는 주상 사장석과 휘석 또는 각섬석이 입간조직을 보이는 현무암이다. 사장석 반정 내에 부분적으로 휘석(빨간 원)으로 채워진 스폰지 세포가 무수히 형성되어 있다.

제주도 서귀포시 표선면 표선리
직교니콜, 34배

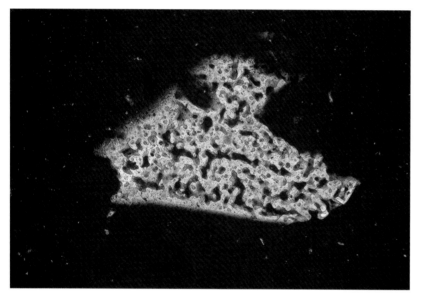

## 94 장엽세포상조직과 사장석 반정

중앙에 밝게 보이는 사장석은 반정이고 소광상태의 석기는 다공상 유리질로서 유리질반상조직을 보인다. 암석명은 갑자기 냉각되는 환경에서 형성된 부석이다. 사장석 반정에는 장엽세포상조직이 형성되어 있고(소광상태로 보임) 세포는 부분적으로 빈 공간이다. 단니콜에서는 시야에 무수한 기공과 유동구조 그리고 펠레의 눈물과 같은 조직이 관찰된다(사진 178, 179 참고).

백두산 천문봉(해발 2,670m) 정상
직교－단니콜, 68배

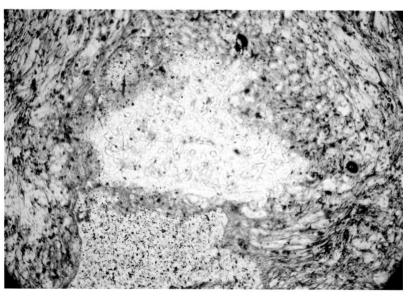

## 연정조직(intergrowth texture)

연정은 2개의 광물이 동시에 정출되어 단순히 서로 접해 있거나 맞물려 있는 것이다. 동시 정출을 의미하는 서로 접한 양상은 광물의 종류나 환경에 따라 매우 다양하나 대체로 다섯 가지로 분류할 수 있다. (1) 같거나 다른 두 광물이 단순히 접해 있으므로 선후 관계를 지시하는 아무런 증거가 없어 동시 정출로 간주되는 경우이다. 직선상, 곡선상, 톱날형, 다각 모자이크 형태의 경계를 보인다. (2) 흔히 관찰되는 미문상 또는 문상은 동일한 광물이 고대 상형문자 모양으로 규칙적인 배열을 보이는 연정이다. 주로 알칼리 장석 – 석영이 미문상 연정을 이룬다. (3) 연충(누에)상(vermicular*) 연정은 연충의 형태와 같이 길쭉하고 가늘거나 통통하며 꾸불꾸불한 모양을 갖는다. 일정한 방향을 보이기도 한다. 예를 들면 단사휘석 – 사장석 연충, 흑운모 – 석영 연충, 사장석 – 석영 연충, 휘동석 – 반동석 연충 연정 등 다양하다. (4) 미문상(문상) 연정이 불확실한 규칙성을 보여 부분적으로 연충상을 이루거나 연정이 방사상을 이룰 때는 준미문상(semi-graphic*) 또는 미문상 – 연충상이라 표현한다. (5) 용리작용에 의한 연정의 형태는 장엽상 또는 수적상을 이루며 때로는 연충상과 형태가 유사하나 용리 연정은 엄밀히 말해 동일 온도에서 두 광물이 동시에 정출되는 것이 아니므로 따로 분리하였다.

문상 또는 연충상 연정조직은 일반적으로 장석과 석영이 후마그마의 정출 시기에 동일 온도, 동일 결정핵소에서 급속하게 동시에 정출해 만들어지는 것으로 알려져 있다. 또한 결정의 외곽에서 연정조직이 흔히 관찰되는데(그림 10) 그 이유는 화강암과 같은 규장질암에서 정출이 완전히 끝나지 않아 고화되지 않은 입자의 외곽에 활성적인 잔류용액의 성분이 침투하여 모광물과 동시에 정출됨으로서 연정조직이 되기 때문이다. 이와 같은 정출 작용에 대해서 Ehlers와 Blatt(1980)는 공융점에서 이루어진 교대 또는 정출에 의한 것으로 설명하였고, Hibbard(1995)는 공융점보다는 결정의 성장 속도에 비중을 두었다.

용리작용에 의한 연정은 용액의 온도가 내려감에 따라 이미 정출된 광물로부터 상대적으로 낮은 온도에서 정출되는 새로운 광물상이 용리되어 연정을 형성한 것이다. 미사장석 내에 사장석이 함유된 퍼사이트 조직이 대표적인 예이다. 이는 하나의 장석상이 2개의 장석상으로 용리되는 현상으로 $KAlSi_3O_8-NaAlSi_3O_8$계의 정출 실험에 의하면 660°C 이하에서 분리됨이 확인되었다(Bowen과 Tuttle, 1950). 따라서 성인과 관련된 조직명은 용리조직이며 다른 연정과는 달리 동일 온도에서 동시에 정출된 것은 아니다. 2개의 다른 광물이 이루는 연정은 동일 광물이 서로 맞물려 이루는 쌍정과 다르며 하나의 조립질 광물이 다른 세립질 광물을 포유하여 이루는 포유조직과도 다르다.

## 톱날연정조직(consertal texture*)

두 광물이 톱날같이 접해 있는 형태이나 끝은 날카롭지 않으며 요철은 조밀한 것도 있고 만곡된 것도 있다. 두 광물은 동시에 정출된 것으로 해석한다. 규암에서 관찰되는 봉합상조직과 유사하며 consertal과 sutured는 같은 의미이다. 이 조직명은 유럽 지역에서 사용되지만 미주에서는 쓰지 않는다.

## 단순경계조직(mutual boundary texture)

인접한 두 광물이 직선상 또는 곡선상으로 단순히 접해 있어 선후 관계를 나타내는 아무런 증거가 없으므로 동시에 정출된 연정 관계로 해석되는 조직이다.

## 다각경계조직(polygonal boundary texture*)

이상적인 경우 내각이 120°인 6각 모자이크 결정을 이루며 한 꼭짓점은 3개의 결정이 만난다. 6각 결정 구조는 일정한 면적에서 최대의 내부 면적을 취할 수 있는 형태이다. 단성분의 첨가 집적암(6장 집적암조직)에서 흔히 관찰되며 재결정작용을 받은 단성분 변성암(예 규암, 대리암)의 조직과 동일하다. 화성암에서 다각 경계를 이룬 입자들은 동시에 정출된 것이다.

## 미문상조직(micrographic texture)

이 조직은 현미경에서 관찰되는 미세한 크기의 연정으로 대부분 알칼리 장석-석영의 연정으로 이루어지나 위의 광물로 국한되지 않는다. 예를 들면 석영-각섬석 연정 또는 티탄철석-황철석 연정도 관찰된다. 조립의 알칼리 장석 내에 석영이 포유된 포유조직의 형태를 가지는 연정조직도 있으나 포유조직과는 성인 및 석영의 분포 양상이 다르다.

• 문상조직(graphic texture) 미문상 연정이 육안으로 관찰되는 크기를 의미한다. 지금은 거의 쓰이지 않는 미세거정암조직(micropegmatitic texture*)은 문상 및 미문상조직을 의미한다.

## 준미문상조직(semi-graphic*, granophyric texture)

미문상 연정과 동의어로 쓰이나 미문상 연정이 특히 방사상으로 배열되었거나 미문상 연정보다 규칙성이 덜한 준문상조직으로서 보다 더 세분된 용어이다(Mackenzie 외, 1984).

- **방사상연정조직**(radiate intergrowth texture*) 미문상 화강암 또는 미문상 화강반암에서 흔히 관찰되는 조직이다. 화강반암에서는 흔히 석영이나 알칼리 장석 반정을 중심으로 석영과 장석으로 구성된 연정이 방사상으로 발달된다. 준미문상조직의 일종이다.

## 심플렉타이트조직(symplectic texture)

미르메카이트와 달리 특정 광물에 국한된 것이 아니라 연충상 연정을 이루는 모든 연정에 적용되는 일반적 용어이다. 예를 들면 티탄철석(자철석)-사방휘석, 감람석-석영, 사장석-사방휘석 등에 의한 심플렉타이트가 있는데 이 경우 사방휘석과 석영이 연충상으로 포유된 광물이다. 이러한 조직은 완전히 결정화되지 않고 서로 접해 있는 두 결정의 경계 부근에서 일어난 반응에 의해 만들어진다. 구성 광물과 조직으로 보아 마그마의 정출 후기에 형성된 것으로 고철질암(특히 노라이트)에서 잘 관찰된다. 앞에 소개한 연충상 석영-장석 연정은 심플렉타이트에 속한다.

- **미르메카이트조직**(myrmekitic texture) 심플렉타이트의 한 종류로서 사장석과 석영이 연정을 이룬 것에만 이 조직명을 사용한다. 모광물인 사장석은 대부분 Na – 사장석(흔히 올리고클레이스)이며 이에 함유된 석영이 사장석과 불규칙한 연충상 연정을 이루는 것이 특징이다.

이 조직은 통상 고화되지 않은 알칼리 장석에 침투한 사장석 입자의 가장자리에 형성된다. 이는 양자 사이의 반응을 의미한다. 즉 알칼리 장석($K_2OAl_2O_36SiO_2$)과 사장석($CaOAl_2O_32SiO_2$)이 반응하여 알칼리 장석에서 방출된 잉여의 실리카는 사장석 입자의 가장자리에서 연충상 석영으로 정출된다(그림 10). 일반적으로 사장석의 An 함량이 증가할수록 연충상 석영의 함량이 증가하는데 그 이유는 알칼리 장석에서 방출된 실리카가 An 함량이 높은 사장석일수록 소모량이 적어 많은 양의 실리카가 석영으로 정출되기 때문이다. 참고로 알바이트는 $3SiO_2$가, 아노르사이트는 $2SiO_2$가 함유된다. 알칼리 장석과 사장석의 반응에 의해서 실리카의 방출과 더불어 칼륨도 방출되는데 칼륨은 유입되는 소듐 이온 및 칼슘 이온과 치환된다. 이러한 반응은 미르메카이트 연정의 부산물로 운모류의 형성에 기여할 수 있다(Hatch 외, 1961).

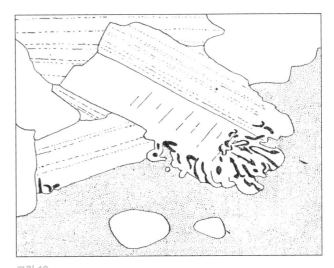

그림 10.
정장석에 침투한 사장석의 접촉부에 연충상 석영(흑색)이 미르메카이트를 이루었다. 아래쪽 2개의 타원형 광물은 석영이다(Hatch 외, 1961).

## 95  반자형 결정 내의 톱날 연정

이 암석은 우백 흑운모 화강암이며 반자형 결정은 석영이다. 석영의 오른쪽 소광상태의 광물은 퍼사이트로서 사장석이 조금씩 보인다. 톱날 경계의 두 입자가 하나의 반자형 결정 내에 형성되어 있음은 톱날 연정을 구성한 입자들의 동시성을 시사한다. 입자의 경계(톱날)는 날카롭지 않다.

충북 청원군 현도면 상삼리 고개
직교니콜, 34배

## 96  단순경계조직의 석영 연정

석영 섬장암에서 관찰한 조직이다. 암회색 I 상한의 석영과 III상한의 밝은 석영과의 경계(화살표)는 매우 단조로우며 선후 관계를 나타내는 어떤 특징도 없다. 이렇게 단순한 경계의 접촉 조직은 두 입자가 동시에 정출한 연정임을 의미한다.

충남 태안군 남면 남면읍
직교니콜, 34배

## 97  다각경계조직의 단사휘석 연정

감람석은 1% 미만이고 90% 이상이 단사휘석으로 구성되어 있어 단사휘석암이다. 단사휘석의 각 꼭지점은 대부분 입자 3개의 결정면이 만나 다각경계조직을 이룬다. 이러한 조직은 모든 결정들이 동시에 성장하였음을 의미한다.

경기도 양평군 양평읍 회현리
직교니콜, 68배

## 98 다각경계조직의 맥 석영 연정

오른쪽 보통각섬석 편암을 왼쪽 석영 맥이 관입하였다. 석영 맥을 구성한 일부 석영 입자는 다각경계조직을 보인다(빨간 원). 두 암석의 접촉부에는 석영 맥 쪽에 냉각대가 형성되어 있다.

대전광역시 대덕구 송강동
직교니콜, 68배

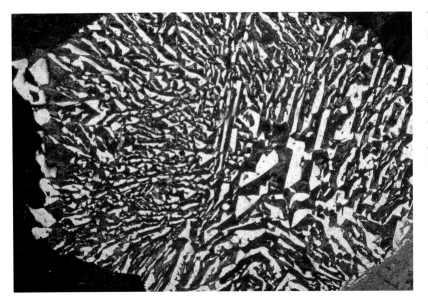

## 99 미문상조직의 정장석과 석영

소광상태의 정장석과 1° 회백색의 석영이 미문상 연정을 이루었다. 미문상 석영은 정장석의 구조와 관련된 미약한 방향성을 갖는다. 암석은 화강암질 거정암이다.

충북 청원군 현도면 시동리
직교니콜, 34배

## 100 문상 조직

표품 사진이다. 내부 반사에 의해서 약간 어둡게 보이는 석영과 표면 반사에 의해서 밝게 보이는 정장석이 연정을 보인다. 석영 입자의 크기는 최대 2.5cm이다. 화강암질 거정암의 단면으로서 육안으로 관찰되는 크기의 연정이므로 문상 연정이다.

경남 산청군 오부면 방곡리
눈금자 2cm

## 101 문상조직의 정장석과 석영

육안으로 충분히 관찰되는 연정 크기이기 때문에 문상조직이 된다. 최대 3mm에 달하는 1° 회백색 석영의 형태는 연충상이며 소광 광물은 정장석이다.

경남 산청군 오부면 방곡리
직교니콜, 34배

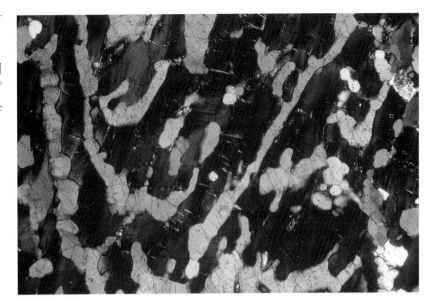

## 102 문상-미르메카이트조직

소광상태의 광물은 사장석이고 회백색의 입자는 석영이다. 둘 다 육안으로 관찰되는 1mm 이상의 석영과 사장석의 연정이기 때문에 문상-미르메카이트이며 석영의 형태는 연충상이다.

경남 산청군 오부면 방곡리
직교니콜, 34배

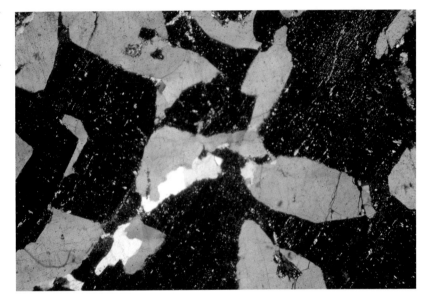

## 103 준미문상조직의 미문상과 연충상 연정

알칼리 장석 화강암에 형성된 정장석과 석영의 연정이다. 이 연정조직은 미문상조직(오른쪽 아래)과 연충상조직(오른쪽 위와 왼쪽)이 공존하기 때문에 준미문상조직이다.

전남 여수시 만흥동, 여수북초등학교 부근
직교니콜, 34배

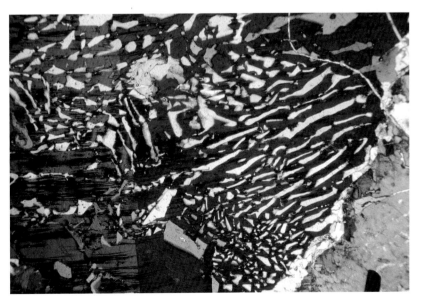

## 104 준미문상조직의 방사상 연정

이 암석은 조직으로 보아 문상반암이 되고 성분으로는 알칼리 장석 화강반암이다. 중앙의 정장석 반정을 중심으로 방사상으로 배열되어 있는 연충상 연정과 미문상 연정이 같이 있어 준미문상조직이다.

충남 공주시 반포면 국공리, 악석암 지역
직교니콜, 34배

## 105 연충상, 수적상, 신장집적상 심플렉타이트 조직

아래 사진은 오른쪽 끝의 갈렴석(적갈색)으로부터 왼쪽 끝의 갈렴석(갈회색)까지 3장의 사진이 연결된 것이며 그 사이 폭 약 3.5mm는 연충상 또는 수적상 연정으로 구성되어 있어 심플렉타이트이다. 오른쪽의 갈렴석은 풍화에 의해 철의 산화물이 침투된 것으로 보인다. 중앙부의 연정은 불투명 광물인 티탄철석과 바탕의 갈렴석에 의한 것이다. 오른쪽 갈렴석과 연정의 접촉부에는 미세한 티탄철석대가 형성되어 있고 티탄철석은 접촉선에 직각으로 성장하여 신장된 연충상(빨간 원)을 이룬다(6장 신장 집적암조직). 왼쪽으로 향할수록 티탄철석의 형태와 방향성은 불규칙하다가 왼쪽 갈렴석 부근에서는 티탄철석의 입자가 커지며 갈렴석으로 점이적으로 변한다.

경남 하동군 옥종면 월횡리
직교니콜, 11.1배

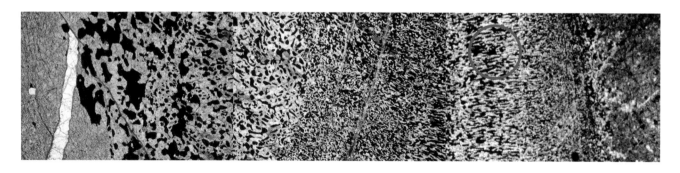

## 106 연충상 및 수적상 심플렉타이트 조직

이 암석은 섬장암과 화강암의 특성을 모두 보여 양자의 접촉부에 해당된 것으로 보인다. 왼쪽에서는 수적상 연정이, 오른쪽으로 갈수록 연충상 연정이 우세해진다. 석영과 정장석으로 구성된 심플렉타이트조직이다.

전남 여수시 만흥동, 여수북초등학교 부근
직교니콜, 34배

## 107 사장석 주변의 미르메카이트

1° 암회색 연충상 입자인 석영이 바탕의 사장석과 더불어 미르메카이트를 이루었다(화살표). 연정의 왼쪽(Ⅲ상한, 밝은 부분)은 정장석과, 오른쪽은 사장석과 접해서 두 광물의 접촉부에 형성된 연정이다. 연정의 오른쪽 사장석 중앙의 성분은 An60.3-61.2이고 연정 내 사장석의 성분은 An78.3이다. 본문에서 설명한 바와 같이 An 함량이 높은 사장석일수록 $SiO_2$의 소비가 적어 석영이 정출되어 미르메카이트를 형성하게 된다. 회장암질 거정암의 사진이다.

경남 산청군 금서면 방곡
직교니콜, 34배

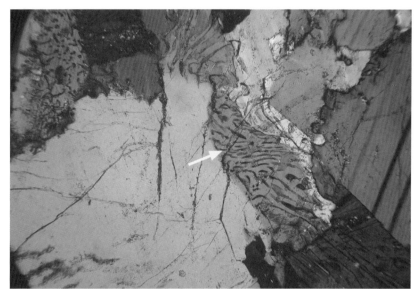

## 108 사장석 주변의 미르메카이트(2)

이 암석은 대단히 변질된 흑운모 화강암이다. 사진 중앙의 백색 연충상 석영과 석영의 바탕인 사장석이 미르메카이트를 이루었다. 연정이 형성된 위치는 연정 오른쪽의 정장석(△표)을 파고 들어 연정 왼쪽 대각선 쌍정을 보이는 사장석과의 접촉부이다.

경남 산청군 금서면 방곡
직교니콜, 34배

## 퍼사이트조직(perthitic texture)

이 조직은 용리작용에 의한 연정으로 칼륨이 많은 장석(미사장석이나 정장석) 내에 소듐이 많은 장엽상 장석(Na-사장석)이 일정한 방향으로 배열된 형태이다. 이때 K-장석이 Na-사장석보다 많으면 퍼사이트, 그 반대이면 안티퍼사이트가 된다. 이러한 조직명은 위에 소개한 광물에 한하여 사용되며 비현정질이기 때문에 미세 퍼사이트(microperthite*)라고도 한다. 때로는 X-선 검사로만 확인되는 은미정질 퍼사이트가 있는데 이것을 은미정 퍼사이트(cryptoperthite*)라고 한다. 장엽상 사장석 포유물에는 폭이 약간 넓은 것도 있고 실낱같이 미세한 것도 있다.

## 장엽상-수적상연정조직(lamellar-bleb intergrowth texture*)

앞에서 소개한 퍼사이트조직과 성인이 같은 모광물의 용리현상으로 해석되나 광물의 종류가 정해져 있지 않다. 장엽상을 보이는 연정에는 사방휘석류 내의 오자이트 엽편, 자철석 내의 티탄철석 엽편, 휘석 내의 사장석 또는 각섬석 엽편, 감람석 내의 크롬철석 엽편 등이 있다. 수적상 연정에는 사방휘석 내의 오자이트 수적, 사장석 내의 석영 수적이 있다. 수적상연정조직 중에 조립의 사방휘석을 모광물로 하고, 오자이트 수적을 포유광물로 한 것은 포유조직과 형태는 유사하나 성인은 다르다.

### 109  사장석과 정장석에 의한 퍼사이트

거정질 정장석으로 구성된 섬장암질 거정암이다. 소광상태에 가까운 정장석 바탕에 알바이트 성분의 사장석(밝은 부분)이 용리되어 퍼사이트가 되었다.

충남 태안군 남면 남면읍
직교니콜, 68배

### 110  사장석과 미사장석에 의한 퍼사이트

주로 미사장석으로 구성된 섬장암이다. 퍼사이트의 바탕은 격자상 취편 쌍정의 미사장석(밝은 부분)이며 재물대의 회전에 따라 희미하게 쌍정이 관찰되는 1° 암회색 광물은 용리된 사장석이다.

충남 태안군 남면 남면읍
직교니콜, 68배

## 111 스트링형 퍼사이트

섬장암에서 관찰한 퍼사이트로서 어두운 부분은 알칼리 장석이고 밝은 부분은 사장석이다. 용리된 사장석이 실 또는 노끈같이 되어 있어 스트링(string)형 퍼사이트라고 한다. 재물대의 회전 각도에 따라 사장석이 많아 보이나 실제는 그 반대이다.

경남 산청군 산청읍 정곡리
직교니콜, 34배

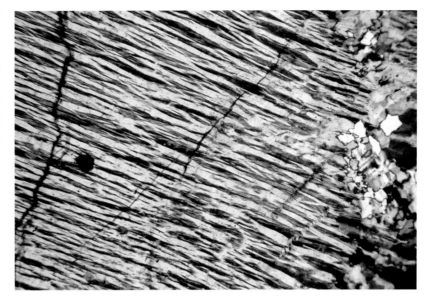

## 112 안티 퍼사이트의 형태

섬장암에서 관찰한 조직이다. 소광상태의 입자는 알칼리 장석이고 밝은 부분은 사장석이다. 사장석의 양이 알칼리 장석보다 많아 보인다.

경남 산청군 산청읍 정곡리
직교니콜, 34배

## 113 장엽상 연정의 두 휘석

함사장석 휘석암의 휘석에 형성된 장엽상 연정이다. 평행한 장엽상 결정은 자소휘석(하이퍼신)이고 이를 함유한 모결정은 오자이트이다. 자소휘석은 오자이트로부터 용리된 것이다.

경기도 양평군 양평읍 회현리
직교니콜, 34배

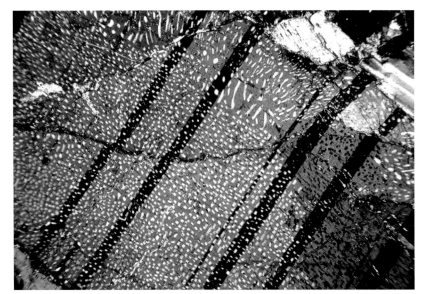

## 114 수적상 연정의 석영

회장암의 사장석 입자에 형성된 연정은 대부분 수적상이고 부분적으로(I상한) 연충상도 관찰된다. 석영 수적과 연정을 이룬 사장석은 안데신 성분으로 쌍정을 보이는데, 박편의 다른 부분에는 연정이 없는 라브라도라이트 사장석의 쌍정 경계를 차단한 것도 있다. 이로 보아 연정을 이룬 사장석은 연정이 없는 사장석보다 후기(더 낮은 온도)에 정출된 것으로 판단되며 석영이 사장석으로부터 용리될 수 있는 동기가 되었다.

경남 산청군 자양리, 시무산
직교니콜, 68배

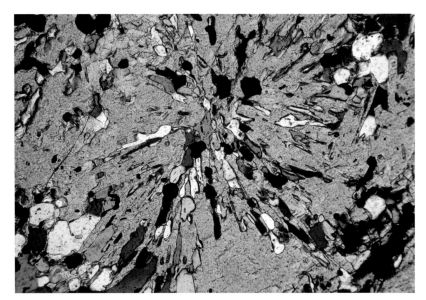

## 115 방사상 연정의 석영

오자이트 내에 신장된 석영이 방사상 연정을 이루었다. 오자이트는 광학적으로 균질한 하나의 결정이고 석영은 여러 입자의 조합을 이룬다. 방사상 연정에서는 소광상태의 석영도 관찰된다.

대전광역시 중구 침산동, 침산
직교니콜, 34배

## 방사상 · 동심원상조직(radial, concentric texture)

용융상태에서 한 점(결정핵소)으로부터 동일 광물이 방사상으로 성장한 알갱이를 구과라 하는데 그 형태는 매우 다양하여 구면형, 부채꼴형, 꽃무늬형, 깃털무늬형, 나비넥타이형 등이 있다. 예외로 용암구조직을 구성한 구과는 동심원상이다. 방사상으로 성장한 개개의 광물은 광학적으로 균질하지 않아 재물대를 회전할 때 파동소광을 보인다. 방사상조직은 규장질 용암에서 유리질이 많은 석기나 세립질암에 주로 형성된다.

구과는 용암류의 흐름이 정지된 후 냉각되는 동안 상대적으로 높은 온도에서 유리질의 탈유리화 작용(Lofgren, 1971a)이나, 점성도가 매우 높은 과냉각 용액에서의 정출에 의한 것이다(Lofgren, 1974). 전자의 경우 구과는 유리질 석기로부터 형성된 것이고, 후자의 경우 구과는 용액에서 직접 정출된 것이므로 성인에 따라 구과와 유리질 석기의 생성순서에 차이를 보인다(그림 11). 일반적으로 방사상 구과는 용암류의 흐름이 정지되고 상대적으로 높은 온도에서 형성된 탈유리화 작용을 받아 이루어진다. 두 경우 모두 구과의 중심에서 외곽으로 정출이 진행된다.

그림 11에서 사진 A, A'는 유문암인데 냉각되면서 평행한 쪼개짐이 형성되었고 그 쪼개짐에 따라 구과가 정출되었음을 보여 준다. 쪼개짐의 형성은 용암류가 고체 상태의 유리질이 되었음을 의미하며 쪼개짐에 따라 구과가 배열된 것은 쪼개짐 이후에 구과가 만들어졌음을 의미한다. 즉 구과는 고체상태 이후 유리질로부터 생성되었기 때문에 탈유리화에 의한 것이다. 쪼개진 곳이 불투명하게 보이는 이유는 구과의 외곽을 구성한 불투명 성분이 쪼개짐에 따라서 농집되었기 때문이다.

사진 B의 대각선 조직은 유문암에서 관찰된 한 조의 유동구조이다. 유동구조 내에는 알칼리 장석으로 보이는 방사상 구과가 여러 개 관찰된다. 이 구과들이 유동구조에서 형성된 것으로 보아 과냉각에 의하여 점성이 매우 높은 액체상태에서 직접 정출된 것으로 판단된다.

### 구과상조직(spherulitic texture)

구과가 형성된 조직을 구과상조직이라 한다. 맨눈으로 관찰될 정도로 큰 구과도 있다. 구과는 성장하면서 서로 방해가 되어 변형되기도 하는데 심하면 구과의 외형이 불규칙하게 된다. 구과를 구성하는 광물은 침상 또는 장엽상이 보통이다. 광물의 종류는 대부분 알칼리 장석과 연정을 이룬 홍연석 또는 트리디마이트이지만 드물게는 장석만으로 구성된 구과도 있다. 구과상조직은 대부분 규장질 용암에서 관찰된다. 구상구조(6장 화성층상구조 참고)의 구는 동심원 층상구조이고 형태가 유사한 구과는 방사상 조직인 점에 차이가 있다.

### 구과현무암조직(variolitic texture)

구과상조직의 일종으로 완두콩 크기의 구과가 특히 현무암의 석기에 형성된 조직이다. 이러한 조직을 보이는 현무암

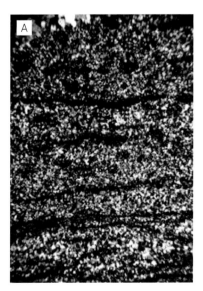 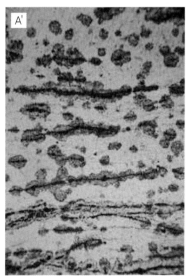 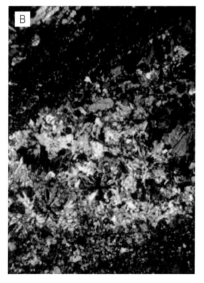

그림 11. 탈유리화에 의한 구과(A : 직교니콜, 34배; A' : 단니콜, 34배)와 과냉각 용액에서 정출한 구과(B : 직교니콜, 68배)

을 구과현무암이라 한다. 유문암에 형성된 구과상조직과 성인은 동일하다. 이 조직명은 현무암에 한하여 사용되는 것이 통례이나 고철질 암맥이나 관입암상의 유리질 접촉부에 형성된 구과에도 사용된다. 이 조직은 여러 갈래로 갈라진 침상 또는 장엽상 사장석과 사장석 입자 사이의 간극을 충전한 유리질로 구성되거나 휘석, 감람석, 철산화물과 연정을 이룬 장엽상 사장석으로 구성된 것이 대부분이다. 따라서 이 조직의 구과는 원뿔형 결정의 다발을 이룬 경우가 많으며 구과와 구과 사이의 경계도 모호하다.

## 용암구조직(lava lithophysa*, stone-ball texture)

유문암이나 흑요암 같은 규장질 용암 내에 미정질 알칼리 장석, 석영 등이 동심원 띠를 이룬 조직이다. 이 조직은 일종의 구과상조직으로 모암의 종류나 조직의 형태가 보통 구과상조직과 유사하나 암구는 여러 개로 구성된 동심원 입자의 조합이고, 구과는 방사상 입자의 조합인 점에 차이가 있다.

### 116 과냉각 용액에서 정출한 구과

반정은 모두 정장석과 새니딘으로 구성되어 있는 유문암으로 유동구조가 잘 발달되어 있다. 유동구조 내에는 방사상 구과가 여러 곳에 형성되어 있는데 이들 구과는 액체상태에서 정출된 것이다.

경남 고성군 상리면, 고성동광산
단니콜, 34배

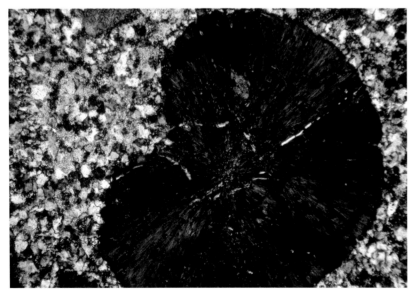

### 117 방사상으로 성장한 구과

주로 석영과 정장석으로 구성된 반상조직을 보이는 화강반암이다. 반정은 대부분 용식되어 타형이 되었다. 소광상태에 가까운 사진 중앙의 타형 반정은 정장석과 홍연석(크리스토발라이트)이 방사상 연정을 이루어 성장한 구과이다. 구과가 석기에 의해서 용식되었고 구과 내에 석기의 구성 광물이 침투된 것으로 보아 구과는 액체상태에서 성장하였다.

대전광역시 동구 소호동, 강바위산
직교니콜, 68배

## 118 밀집된 구과상조직

여러 개의 구과가 밀집되어 있으며 구과와 구과 사이에는 유리질이나 정장석이 정출되어 있다. 암석은 유문암으로 보인다. 모든 구과는 구과의 중앙을 중심으로 엽상 광물이 방사상으로 성장하였다. 구과가 밀집된 것은 과냉각에 의해 점성이 매우 높아진 상태에서 결정핵소가 많이 만들어졌기 때문이다.

충남 추부면 서대리, 서대산
직교니콜, 34배

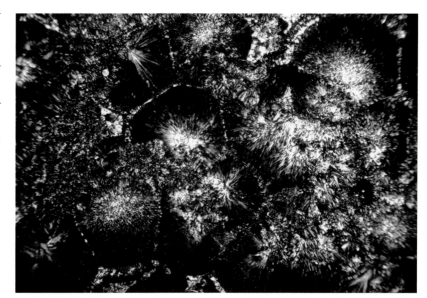

## 119 결정핵소가 있는 방사상 구과

미문상 연정이 다량 형성되어 있는 미문상 화강반암(알칼리 장석 화강 반암)이다. 사진의 중앙에는 타형 석영 반정을 결정핵소로 덧 자란 방사상 엽상 정장석이 관찰된다. 또한 반정의 오른쪽에는 반자형 작은 석영 반정이 접해 있는데 큰 반정과는 시너시스 조직을 이룬다. 시너시스 반정이 형성된 후 석기(방사상 정장석)의 정출 과정에서 용식을 받아 중앙의 반정은 타형이 되었다.

충남 금산군 군북면 보광리
직교니콜, 34배

## 120 구과현무암조직의 제올라이트 구과

변질을 거의 받지 않은 감람석 현무암에 장엽상 제올라이트 구과가 방사상으로 형성되어 구과현무암조직을 이루었다.

경북 포항시 동해면 임곡리
직교니콜, 34배

## 121 구과현무암조직의 제올라이트 구과(2)

녹니석 변질을 심하게 받은 현무암으로서 녹니석으로 교대된 잔류물은 Ca-사장석, 단사휘석(오자이트)이다. 사진의 중앙에 있는 광물은 제올라이트류에 속하는 나트롤라이트로서 석기에 의한 용식을 심하게 받았다. 석기에 의한 용식 또는 교대현상은 제올라이트가 현무암의 기공에서 정출된 행인이 아니라 구과임을 말한다. 특히 현무암에 형성된 구과이기 때문에 구과현무암조직이다. 단니콜에서 볼 때 현무암의 석기에 제올라이트 미세 포획물이 다수 관찰되고 석기와 점이적 접촉도 관찰된다.

경북 포항시 동해면 임곡리
직교-단니콜, 34배

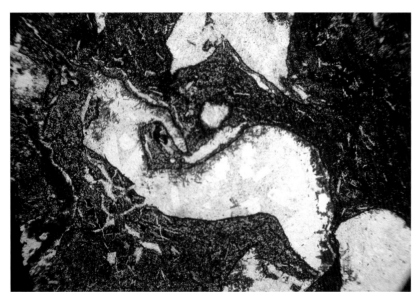

## 122 유문암 내 용암구조직

정장석 반정과 마이크롤라이트를 포함한 유리질 석기로 구성된 유문암이다. 용암구조직은 구과상조직의 일종이나 유일하게 동심원상 구조를 갖는 구과상조직이다. 사진의 용암구는 미정질 정장석인데 석기에 의한 용식으로 몇 조각으로 분리되어 있으며 직교니콜에서도 희미하게 원형을 보이는 부분도 있다. 단니콜의 사진은 동심원 조직이 뚜렷하게 보인다. 여러 개의 용암구가 모여 하나의 취반상구조를 이루었다.

충남 태안군 남면 황도리
직교-단니콜, 34배

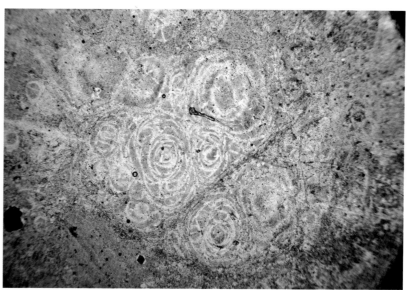

## 과성장조직(overgrowth texture)

과성장의 의미는 두 가지가 있다. 하나는 단일 결정의 표면에 광학적 그리고 결정학적 연속성을 가진 동일한 성분의 광물이 덧 자란 경우이고, 다른 하나는 단일 결정의 표면에 성분과 관계없이 다른 광물이 덧씌워져 정출된 경우이다(**예** 석영과 적철석, 방연석과 황동석). 전자는 교대작용을 수반한 성장이고 후자는 단순히 형태만을 나타낸 것이다. 이어서 소개하는 과성장조직은 종류에 따라 두 경우 모두에 해당된다.

### 골격상-수지상 과성장조직
(skeletal-dendritic overgrowth texture)

유리질 또는 미세한 입자의 석기로 된 반상조직 암석에서 반정의 모서리나 반정을 에워싼 침상 미정질 결정이 골격상 또는 수지상으로 과성장된 조직이다. 이 경우 반정은 일종의 결정핵소의 역할을 한 것이며, 반정과 이에 정출된 침상 결정은 동일 광물일 필요가 없다. 반응의 흔적은 관찰되지 않는다.

### 광환조직(corona texture*)

한 결정이 한 종류 또는 그 이상의 다른 결정으로 둘러싸인 조직으로서 단지 형태를 묘사한 것이다. 맨틀조직(mantle texture*)과 동의어이다. 이 조직의 일종으로 반응(교대작용)이 수반되어 성인적 의미를 갖는 조직명에는 반응연조직 또는 반응광환조직(reaction corona texture*)이 있는데 광물의 종류와 무관하게 사용된다. 이러한 조직을 구성하는 광물에는 알

칼리 장석(K-장석 포함)-흑운모(±각섬석) 반응연, 석영-각섬석 반응연, 각섬석-흑운모 반응연 등이 있다. 외곽의 광물일수록 후기에 형성된 것이다. 광환조직은 마그마의 혼합 과정에서 형성된다(6장 혼합마그마구조).

- 준광환조직(semicorona texture*) 광환조직과 형태는 유사하나 성인에 차이가 있다. 예를 들면, 소량의 고철질 마그마와 다량의 규장질 마그마가 혼합되었을 때 먼저 정출된 보통각섬석을 후기의 조립질 알칼리 장석이 정출하면서 각섬석을 장석 주변으로 밀어내어 보통각섬석 광환을 형성한 조직이다. 이때 보통각섬석은 장석 내에 포유되기도 한다. 두 광물 사이에는 일종의 불혼합 현상이 개입된 것이다. 광환조직은 외곽의 광물일수록 후기지만 준광환조직에서는 이와 반대이다.

- 동질광환조직(cognate corona texture*) 외곽에 덧자란 광물이 먼저 정출된 중심의 광물과 동일한 경우이다.

- 복합광환조직(double corona texture*) 이 조직의 반응연은 중심에 있는 광물과 용액과의 반응에 의해서 형성되며 한 겹 이상인 경우이다. 예를 들어 감람석-휘석-보통각섬석 반응연 같은 두 겹의 복합반응연조직이 있는데 이러한 조직은 Bowen의 불연속반응계열을 반영한 광물의 정출 순서를 나타낸다. 예를 들면 $Mg_2SiO_4$(포스테라이트 감람석)-$SiO_2$(트리디마이트)계의 비조화용융은 감람석과 용액이 반응하여 사방휘석(enstatite)이 정출되어 복합 반응연이 형성되는 과정을 잘 설명한다(Bowen, 1928).

### 123 수지상 과성장조직

문상 화강암에서 관찰한 것으로 반정의 구성 광물은 대부분 사장석과 정장석이며 드물게 석영도 관찰된다. 석기는 미정질이다. 석영 반정의 주위는 연정을 이룬 수지상 과성장 입자로 둘러싸여 있다.

충남 공주시 반포면 국공리, 악석암 지역
직교니콜, 68배

## 124 자철석-흑운모 광환조직

반려암에 형성된 광환조직으로 사진 중앙의 불투명 광물은 자철석이고 주변의 광환은 흑운모이다. 박편의 다른 시야에서 대부분의 자철석은 흑운모 반응환을 수반한다.

경남 산청군 차황면 철수리
직교-단니콜, 34배

## 125 감람석-휘석 반응 광환조직

회장암에서 관찰된 조직으로 중앙의 황적색 광물은 감람석이고 감람석을 둘러싼 밝은 회색 광물은 휘석이다(화살표). 일부 감람석(왼쪽 위)은 불규칙한 균열에 따라 사문석화 되어 있다. 휘석은 비조화 용융계의 반응점에서 감람석과 용액과의 반응으로 정출된 것이다.

경남 하동군 옥종면 두방재
직교니콜, 34배

## 126 준광환 및 동질광환조직

표품 사진이다. 섬장암에 흔한 홍색 알칼리 장석 오버이드(6장 혼합마그마구조)가 관찰된다. 동전 왼쪽의 오버이드는 중앙에 보통각섬석 입자가 산재되어 있고, 그 밖은 보통각섬석환이 형성되어 있으며, 입자의 외곽은 다시 알칼리 장석으로 둘러싸여 있다. 중앙의 장석과 보통각섬석환의 관계는 준광환이며, 중앙의 장석과 외곽의 장석은 동질 광환이다.

산지 불명

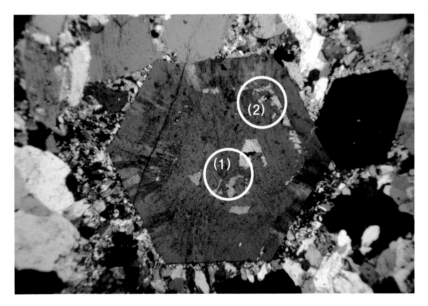

## 127 준광환 및 동질광환조직의 방해석

중앙의 6각 자형 정장석 결정의 가운데에 방해석 (1)이 있고 그 주위에 결정의 외형과 나란한 방해석 (2)가 또 있으며(주로 I상한) 방해석 (2)의 밖에는 과성장한 엽상 광환 정장석이 관찰된다. 방해석 (1)은 정장석보다 먼저 정출한 것으로 초기 결정핵소의 역할도 하였으며 정장석 입자가 성장함에 따라 방해석은 외곽으로 밀려 현재의 위치에 있게 되었다[방해석 (2)]. 그 후에 다시 엽상 정장석이 최종으로 자형 입자의 외곽을 형성하였다. 따라서 방해석 (2)는 그 내부 정장석보다 먼저 정출된 것이므로 양자는 준광환 관계이고, 내부의 정장석과 외곽의 엽상 정장석은 동일 성분이므로 동질 광환 관계가 된다.

충남 서산군 팔봉면 성리
직교니콜, 34배

## 128 준광환 및 동질광환조직의 견운모

대부분 정장석 반정의 섬장 반암인데 견운모 화작용을 심하게 받았다. 사진에서 밝게 보이는 세립 입자는 모두 견운모이다. 사진의 중앙에 있는 소광상태의 정장석 반정은 결정의 중앙으로부터 외곽으로 정장석, 미세한 견운모 띠(화살표), 과성장한 정장석 테두리로 구성되어 있다. 미세한 견운모는 중앙의 정장석이 성장함에 따라 외곽으로 밀려 아주 가는 실 같은 테두리가 되었으며 견운모화는 이 시점에서 중지되고 다시 정장석의 정출이 계속되어 결정의 최외곽을 이루었다. 따라서 실 같은 견운모와 중앙의 정장석은 준광환조직이고 중앙의 정장석과 최외곽의 정장석은 동일 성분이므로 동질광환조직이다.

충남 서산군 팔봉면 성리
직교니콜, 34배

## 129 석영 동질광환조직

견운모 편암을 관입한 석영 맥이다. 시야에 보이는 광물은 모두 석영인데 입자의 테두리에 과성장의 경계가 보인다. 입자의 중앙부와 테두리 밖의 과성장 부분(석영)의 성분이 동일하므로 동질광환조직에 해당된다.

경북 함안군 군북면, 군북광산
직교니콜, 34배

## 130 석영 동질광환조직(2)

석영 맥에서 관찰한 조직으로 시야의 모든 광물은 석영이다. 오른쪽 중앙의 석영은 뚜렷한 과성장의 경계를 보인다. 과성장 석영은 모두 엽상 결정이다. 중앙 부분의 석영과 엽상 결정의 성분이 동일하므로 동질광환조직이다. 오른쪽 아래 붉은 반점은 적동석이다.

경북 함안군 군북면, 군북광산
직교니콜, 34배

## 131 정장석 동질광환조직

섬장암에서 관찰한 조직이다. I-Ⅲ상한에 걸쳐 있는 정장석의 외곽에는 결정의 경계에 직각으로 침상 정장석이 성장하였다. 결정의 중앙과 외곽의 성분이 동일하므로 동질 광환에 속한다.

경북 함안군 군북면, 군북광산
직교니콜, 34배

## 132 감람석 · 휘석 · 보통각섬석 복합 광환조직

반려암에서 관찰한 조직으로서 가운데 일부가 사문석으로 교대되며 불규칙한 쪼개짐을 보이는 광물은 감람석이고, 이를 둘러싼 황갈색 반응연은 사방휘석(소광각 3°), 사방휘석을 둘러싼 바탕의 큰 입자는 보통각섬석이다. 이 조직을 구성한 광물의 정출순서도 앞서 소개한 바와 같이 중앙으로부터 외곽으로 갈수록 후기이다. 이 같은 반응환이 2개 이상인 광환조직이므로 복합광환조직이다.

경남 산청군 산청읍, 정수산 동측 사면
직교니콜, 34배

이상 소개한 광환조직은 광물의 종류에 관계없이 사용하는 조직명이고 다음에 소개하는 광환조직은 특정 광물에 한해서 적용되는 조직이다.

- 라파키비조직(rapakivi texture)  먼저 정출된 중앙의 알칼리 장석을 Na – 사장석이 반응연으로 둘러싼 조직이다. Na – 사장석은 주로 Na – 알바이트(An0-5)이다. 육안으로도 관찰되는 조직으로서 홍색 장석 화강암에서는 적색을 띠는 조립질 정장석 반정 주위를 흰색 사장석이 둘러싼 반응연으로 구성된다. 반응이 진행되는 동안 반정은 원형 또는 그에 가까운 타형이 된다.
- 안티라파키비조직(antirapakivi texture*)  고철질 심성암에서 Ca – 사장석이 먼저 정출되고 정출 말기의 잔류용액에서 정출한 알칼리 장석이 반응연을 형성한 것이다. 때로는

라파키비와 안티라파키비가 중첩되기도 한다.

- 켈리피틱조직(kelyphitic texture)  광환조직의 변종으로 감람석, 석류석 또는 불투명 광물 주위를 미세한 섬유상 휘석 또는 각섬석 반응연이 방사상으로 둘러싼 조직이다. 고철질, 초고철질암에서 자주 관찰되며 후마그마의 잔류용액과의 반응 또는 저변성 작용에 의해 형성된 2차적 광환이다.
- 우랄라이트조직(uralite texture)  휘석을 치환한 각섬석 반응연이 둘러싼 조직이다. 때로는 각섬석에 의한 가상교대의 형태로도 관찰된다. 이와 같이 휘석이 각섬석으로 교대되는 현상을 우랄라이트화라 한다. 후기 마그마에 의한 변질작용이나 변성작용에 기인한다.

## 133 알칼리 장석 화강암의 라파키비 조직

적색의 알칼리 장석과 석영, 보통각섬석으로 구성된 알칼리 장석 화강암의 표품 사진이다. 많은 알칼리 장석 입자는 백색의 사장석환으로 둘러싸인 라파키비 광환조직을 보인다.

산지 불명
길이 표시물 6cm

## 134 라파키비조직의 정장석 · 사장석

몬조나이트에서 관찰된 조직으로 사진 중앙의 광물은 정장석이고, 그 주변의 회백색 반응연은 사장석이다. 반응연을 소광상태로 할 때 미세한 쌍정면은 I-Ⅲ상한에 걸친다. 중앙의 정장석은 대부분 견운모로 교대되었으나 사장석 반응연은 견운모화가 관찰되지 않는다. 이로 보아 중앙의 광물은 정장석→견운모화→사장석의 과정을 거친 것으로 보인다. 단니콜에서 정장석과 사장석의 경계가 점이적인 것으로 보아 교대에 의한 라파키비 반응연조직이다.

대구광역시 달성군 가창면, 달성광산 부근
직교-단니콜, 34배

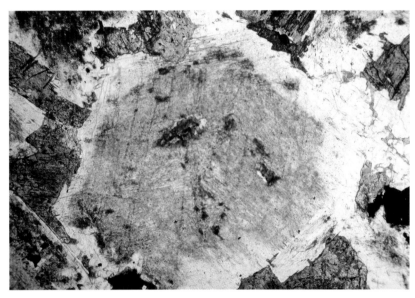

## 135 라파키비조직의 정장석 · 사장석 (2)

주로 정장석으로 구성된 섬장암이다. 사진의 중앙 내지 위쪽 정장석은 아래쪽 세립 사장석 반응연으로 둘러싸여 있고 양자는 점이적이다. 정장석을 사장석이 교대한 것이다.

충남 태안군 남면 남면읍
직교니콜, 34배

### 136 안티라파키비조직의 사장석·정장석

각섬석 반려암에서 관찰한 조직이다. 중앙에 쌍정을 보이는 사장석이 있고, 그 주변에 소광상태에 가까운 정장석 반응환이 있어 안티라파키비조직이다. 정장석 반응환은 사장석을 정출한 반려암질 마그마보다 후기의 규장질 마그마에 의한 것이다.

대전광역시 동구 삼정동
직교니콜. 34배

### 137 안티라파키비조직의 사장석·정장석(2)

석영은 1% 미만이고 알칼리 장석과 사장석이 반반인 몬조나이트이다. 대부분 견운모로 교대된 중앙의 입자 내에 I- Ⅲ상한 방향의 쌍정을 이룬 사장석 잔류물이 관찰되며, 이 입자 주위는 거의 소광상태인 정장석 반응환으로 둘러싸여 있어 안티라파키비조직이다.

대구광역시 달성군 가창면, 달성광산 부근
직교니콜. 34배

### 138 라파키비·안티라파키비·동질광환·복합광환조직

섬록암에서 관찰한 조직이다. 이 조직은 대부분 견운모로 교대된 중앙의 정장석, 그 주위 평행한 쌍정의 사장석 반응연(×표), 그리고 사장석 주위의 정장석 반응연(△표)으로 구성되어 있다. 따라서 사장석 반응연은 라파키비조직, 사장석 반응연에 대한 정장석 반응연은 안티라파키비조직, 그리고 중앙의 정장석과 외곽의 정장석은 동질광환조직이 되며 반응연이 2개이므로 복합광환조직이다.

대전광역시 중구 침산동, 침산
직교니콜. 34배

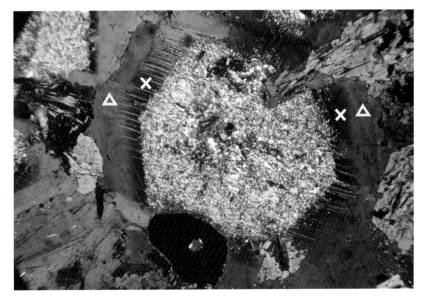

## 139 켈리피틱조직과 방사상 반응연

반려암에서 관찰한 조직으로 사진의 중앙 아래 불투명 광물로부터 소광상태의 섬유상휘석이 방사상으로 성장되어 있어 켈리피틱조직을 이룬다. 섬유상 휘석의 사이사이에는 석영과 사장석 입자가 마치 방사상 연정 같은 형태로 함유되어 있다.

경북 산청군 산청읍, 상여봉 부근
직교-단니콜, 34배

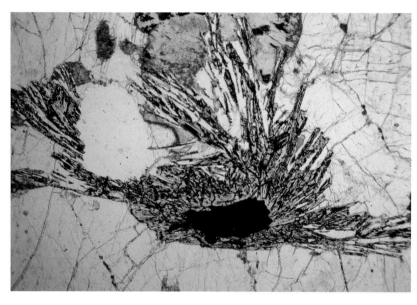

## 140 켈리피틱조직과 방사상 사문석

회장암질암(반려암질 회장암)에서 관찰한 조직이다. 오른쪽 중앙의 감람석은 완전히 사문석으로 교대되어 사문석 가상조직을 이루고, 가상 사문석 입자를 일종의 결정핵으로 사문석 반응연이 II상한에 2차적으로 형성되었다(단니콜의 중앙, 침상 결정, △표).

경북 산청군 금서면 지막리
직교-단니콜, 68배

## 141 우랄라이트 반응연

중립질 반려암에 형성된 우랄라이트조직의 표품 사진이다. 사진의 왼쪽에 휘석이 있고 그 주위에 암회색 보통각섬석이 우랄라이트 반응연(장경 약 3cm)을 이루었다. 반응연 오른쪽 밖의 백색 광물은 대부분 사장석이고 휘석과 보통각섬석이 소량 산재되어 있다.

경북 산청군 차황면 부리, 골짜기
눈금자 2cm

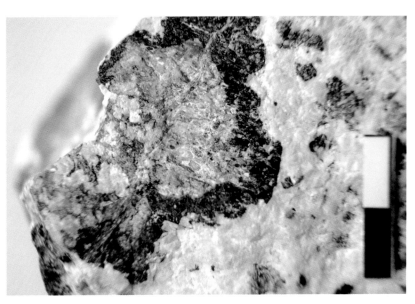

## 142 우랄라이트조직과 보통각섬석 반응연

반려암에서 관찰한 조직으로 시야의 중앙 아래에 있는 다양한 색상의 광물은 단사휘석(투휘석)이고, 이를 교대하여 우랄라이트조직을 이룬 보통각섬석(화살표)은 투휘석의 위쪽 주변에 접해 있으며 양자는 점이적이다. 단일광물인 투휘석의 간섭색이 다양한 이유는 성분의 미세한 차이 때문이다. 단니콜 사진(아래)에서 보통각섬석은 갈색 다색성을 보이고 투휘석은 다색성이 없다.

경북 산청군 차황면 부리. 골짜기
직교−단니콜. 34배

## 143 우랄라이트조직과 보통각섬석 반응연(2)

반려암에서 관찰한 조직이다. 시야에는 사장석, 사방휘석(자소휘석), 단사휘석(투휘석)과 이들을 둘러싼 보통각섬석 우랄라이트 반응연이 관찰된다. 휘석류는 반응연 형태로 우랄라이트화되거나 또는 휘석류의 쪼개짐에 따라 관입 형태로 우랄라이트화되는데 관입 부분에서는 보통각섬석 내에 잔류상조직을 보이는 휘석류도 관찰된다.

경북 산청군 산청읍, 상여봉 부근
직교-단니콜, 34배

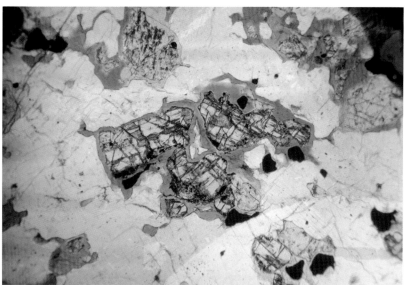

### 누대조직(zonal texture)

광물의 누대(zoning)는 단일 결정의 중심에서 외곽으로 감에 따라 성분이 변하는 현상이다. 그 결과 현미경으로 관찰할 때 광학적인 불균질이 되어 몇 개의 띠로 나타나거나 일정한 대각선 구역으로 분리된다. 이러한 현상은 고용체 성분의 광물(예 사장석, 감람석)이 정출할 때 연속반응의 평형상태가 깨어져 이미 정출된 광물상이 용액으로부터 분리되기 때문이다. 광학적으로 균질하여 누대가 없는 결정은 정출 과정에서 처음부터 끝까지 평형상태가 유지되었음을 의미한다. 현미경의 재물대를 회전할 때 간섭색이 동일하거나 동시에 소광되는 누대끼리는 같은 성분임을 의미하며, 동시소광이 아닌 다른 누대와는 광학적으로 다르게 보이기는 하나 성분은 근소한 차이이다.

사장석의 Ab-An 고용체나 감람석의 Fa-Fo 고용체의 합성실험은 위의 사실을 잘 설명해 준다(Winter, 2010; Gill, 2010; Philpotts, 2009; Blatt 외, 2006).

- 대상누대조직(banded zonal texture) 사장석의 경우 결정의 외곽과 나란한 동심의 띠가 1개 또는 여러 개로 구성된 조직이다. 한 입자가 단절된 성분으로 되어 있으면 현미경 관찰에서 소광상태가 다르게 나타난다. 재물대의 회전 방향에 따라 소광상태는 중심에서 외곽으로 또는 그 반대 방향을 향해 대부분 점이적으로 변한다.

띠와 띠 사이의 성분에 급격한 변화가 있어 단절된 소광상태를 보이면 이는 불연속누대(discontinuous zoning*)이고, 불연속누대가 일정한 간격으로 연속될 때는 계단누대(step zoning*)가 된다. 띠와 띠 사이가 명확히 구분되고 규칙적으로 반복되는 미세한 누대는 다중누대(multiple zoning*) 또는 율동누대(oscillatory zoning*)가 된다. 율동누대는 계단누대가 조밀하게 반복되는 것과 같다. 점이적인 소광을 보이는 누대는 성분도 점이적으로 변하는데 이러한 누대를 연속누대(continuous zoning*)라 한다.

이상 소개한 모든 누대조직은 결정 전체에 걸쳐 대상누대로 나타나는 현상이다. 결정의 일부에 국한되어 입자 전체가 일관된 대상누대가 아닌 누대조직은 뒤에 이어서 설명한다.

- 부채꼴누대조직(sector zonal texture*) 한 결정이 부채꼴누대 4개로 나뉘거나 부채꼴누대 1개가 결정 내에 부분적으로 형성된 것의 조직명이다. 만약 부채꼴누대 내에 율동누대가 겹쳐 있으면 율동-부채꼴누대조직이 된다. 부채꼴누대는 알칼리 성분이 많은 고철질 또는 초고철질암에 함유된 휘석에서 흔히 관찰되며 대단히 빨리 냉각된 현무암 내 사장석에서도 찾아볼 수 있다.
- 산재누대조직(patchy zonal texture*) 대상누대나 부채꼴누대가 한 결정 내의 여러 부분에 형성되어 있는 경우이다.
- 정상누대조직(normal zonal texture*) 또는 점진성누대조직(progressive zonal texture) 대부분의 대상누대 사장석에서와 같이 중심에서 외곽으로 갈수록 높은 온도에서 정출되는 사장석(높은 An 함량)에서 낮은 온도의 사장석(낮은 An 함량)으로 변하는 누대이다.
- 역전누대조직(reverse zonal texture*) 정상누대와 반대로 사장석의 성분이 변하는 누대인데 현미경으로는 정상누대와 동일한 현상으로 보인다.
- 동일누대조직(even zonal texture*) 사장석 입자의 중심과 외곽 사이에서 An 함량이 높은 값과 낮은 값이 번갈아 나타나며, 동시에 최고/최저 값이 각각 동일한 값을 갖는 경우이다.

앞에서 소개한 대상누대, 부채꼴누대, 산재누대는 누대의 형태로 분류한 것이고 정상누대, 역전누대, 동일누대는 성분의 변화 양상으로 분류한 것이다. 따라서 양자를 같이 표현하면 대상-정상누대 또는 부채꼴-역전누대 등이 된다. 감람석에서 관찰되는 누대조직과 반응연조직은 유사한 모양이나 성인이 다르므로 구별하여야 한다.

### 144 대상누대의 사장석

사장석의 외곽과 나란한 띠로 구성되어 있어 전체적으로 대상누대이다. 사진의 입자는 재물대를 회전할 때 띠에 따라 소광상태가 다르게 나타나 성분이 다름을 의미하는 불연속누대가 된다. 동시에 불연속누대가 일정한 간격으로 되어 있어 계단누대도 된다. 하나의 계단누대는 여러 겹의 조밀한 대상누대로 되어 있어 이는 다중누대 또는 율동누대라 할 수 있다.

경남 산청군 단성면 청계리, 청계저수지 부근
직교니콜, 34배

### 145 부채꼴누대의 정장석

석영과 정장석을 반정으로, 미정질 또는 은미정질 입자를 석기로 한 화강반암이다. 사진의 중앙 소광상태의 광물은 정장석이며 이 광물에 삼각형 피라미드 모양의 부채꼴누대가 형성되어 있다. 부채꼴누대의 정장석과 이를 포유한 소광상태의 정장석은 성분에 미세한 차이가 있다.

충남 금산군 복수면, 질울재 능선
직교니콜, 34배

### 146 부채꼴누대의 정장석(2)

주로 정장석, 석영, 그리고 소량의 미사장석을 반정으로 하고 미정질 또는 은미정질 석기로 구성된 화강반암이다. 중앙의 정장석 반정은 오른쪽 1/4이 부채꼴 정장석 누대로 되어 있다.

충남 금산군 복수면, 질울재 능선
직교니콜, 68배

### 147 부채꼴누대의 사장석

이 입자는 안산암의 사장석 반정이다. 반정 중앙의 1/3이 부채꼴누대이며 그로 인해 세 부분으로 구획된 사장석의 소광위치가 모두 다르다. 중앙의 부채꼴누대는 입자의 아래쪽 결정면과 나란한 대상누대이고, 오른쪽 위의 사장석 역시 입자의 외형과 나란한 대상누대이나 사진에서는 흐릿하게 보인다. 왼쪽의 사장석은 재물대를 회전해도 누대가 관찰되지 않는다.

경북 경주시 내남면 덕천리
직교니콜, 34배

### 148 산재누대의 단사휘석

사장석과 단사휘석을 반정으로 한 안산암의 단사휘석 반정이다. 밝은 부분과 약간 어두운 부분의 소광위치는 서로 다르나 나란하고 조밀한 쪼개짐의 소광각은 둘 다 40° 내외인 점으로 보아 모두 단사휘석이며 누대조직에 의한 결합으로 판단된다. 산재한 밝은 부분의 휘석은 소광위치가 모두 동일하다.

경북 경주시 내남면 덕천리
직교니콜, 68배

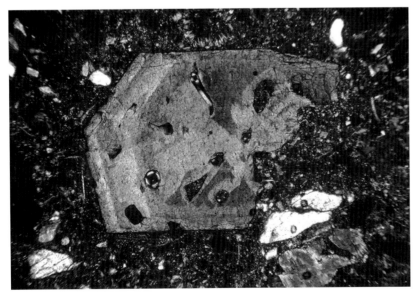

### 149 산재 누대의 보통각섬석

각종 암편과 광물편, 유리질 바탕으로 구성되어 있으며 특히 만형상조직이 발달된 것으로 보아 화쇄류에 속한 화성쇄설암이다. 사진의 입자는 반자형 보통각섬석으로 입자의 왼쪽은 대상누대를 보이나 그 밖에는 불규칙한 산재누대를 보인다.

전남 여천군 화양면 옥저리
직교니콜, 34배

## 150 정상누대의 사장석

이 암석은 사장석에 비해 휘석의 함량이 많고 각섬석은 5% 미만이므로 고철질암의 일종인 반려암 노라이트이다. 사진에 표시한 점 1~9(외곽 → 중앙)는 사장석의 E.P.M.A. 분석 위치이고 그 값은 다음과 같으며 이 값으로 그림 12를 작성하였다.

1(An47.8), 2(An51.0), 3(An61.5), 4(An54.4), 5(An82.6), 6(An91.0), 7(An91.1), 8(An91.7), 9(An89.8).

입자의 정출이 시작된 위치는 분석치 8 부근으로 판단되며 외곽으로 갈수록 An 함량이 감소하는 정상누대에 속한다. An 함량이 갑자기 낮아진 점 4의 띠는 내부 및 외부의 누대와 불연속 누대를 형성하며 점 3과 4는 역전누대가 된다. 이 암석의 성분이 초고철질암에 가까운 만큼 사장석의 중앙 성분 비토나이트 – 아노르사이트(점 5~9)는 최초로 정출된 것이며, 그 외곽 라브라도라이트 – 안데신(점 4~1)은 변화된 평형상태 즉 상대적으로 낮아진 온도에서의 다른 평형상태에서 성장한 것이다. 입자의 현미경 관찰은 이 사실을 뒷받침한다.

경남 산청군 산청읍, 웅석봉 부근
직교니콜, 34배

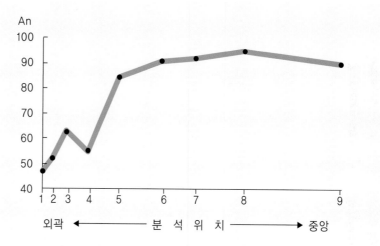

그림 12.
정상누대 사장석의 분석치. 입자의 초기 정출은 점 8번 부근이다.

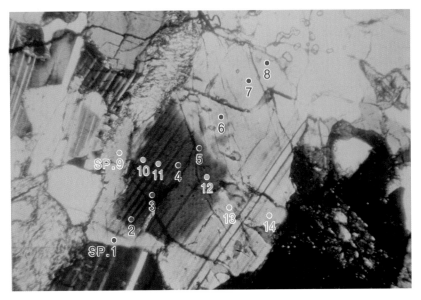

## 151 역전누대의 사장석

회장암을 구성한 사장석 입자인데 사진에서와 같이 Ⅲ상한으로 약간 치우친 어두운 부분과 주변의 밝은 부분은 누대조직을 형성하였다. E.P.M.A. 분석은 사진에서와 같이 서로 직각되게 일정 간격으로 실시하였으며 두 방향의 교차점은 An 함량이 가장 낮은 4이다. 아래 분석치로 그림 13을 작성하였다.

1(An67.4), 2(An59.7), 3(An58.1), 4(An57.5), 5(An62.8), 6(An67.1), 7(An69.1), 8(An69.8), 9(An66.1), 10(An58.7), 11(An57.6), 12(An59.8), 13(An75.3), 14(An68.7).

점 4는 사진의 적색 점(1~8)과 청색 점(9~14)에서 공유되며 모든 점은 4번 위치를 중심으로 측정된 거리이다. 이 점을 중심으로 두 방향 모두 An 함량이 외곽으로 갈수록 증가하여 역전누대를 이룬다. 단, 점 13은 유난히 An 함량이 높은데, 13번 부근과 입자의 다른 몇 군데에 석영 함유물(물방울 모양의 소광상태)이 있고 함유물 부근에 변질현상이 관찰된다.

경남 산청군 단성면 자양리, 윗소리당 근처
직교니콜. 34배

그림 13.
역전누대 사장석의 분석치. 입자의 초기 정출은 점 4번 부근이다.

## 공동 구조 · 조직(cavity structure-texture*)

공동은 일반적으로 카르스트 지형의 석회 동굴이나 소규모의 용암 동굴을 의미하지만 이 책에서는 화성암에 형성된 '빈 공간'을 모두 포함한다. 공동의 규모는 현미경으로 관찰되는 미세한 것으로부터 수 미터에 이르는 것까지 다양하다.

공동과 유사한 용어를 정리하면 다음과 같다. 화성암에서의 간극(pore*)은 현미경으로 관찰되는 미세한 빈 공간이다. 정동(druse)은 규모에는 제한이 없으나 대부분 모체의 구성 광물과 동일한 한 종류 또는 그 이상의 광물이 불규칙한 빈 공간 내에 정출되어 공간을 완전히 또는 부분적으로 채운 상태를 말한다. 마이아롤리틱(miarolitic)과 동의어이다. 지오드(geode*)는 지름이 대부분 2.5cm~30cm(또는 그 이상)인 구형 또는 준구형을 이루는 정동으로 특정한 석회암이나 드물게는 셰일 또는 화석 공간에서 형성된 것이다. 정동과의 차이는 풍화 시에 단괴나 결핵체로 모체에서 떨어져 나오며 지오드 내의 광물은 모체의 것과 다르다는 점이다. 벅(vug*)은 생성 위치가 암맥이나 심성암 같은 화성암인 점에서만 지오드와 차이가 있다. 공극(void, interstice)은 모든 종류의 빈 공동을 의미한다. 규모가 미세한 공극은 간극과 동일하다. 예를 들면 용암의 기공, 화강암에 있는 마이아롤리틱 공동, 화성쇄설암에 있는 1차적 간극, 각력암에 있는 빈 공간, 탄산염암 지역의 석회 동굴 같은 것이다.

공동 내에서 정출한 광물은 공동의 벽에서부터 시작되기 때문에 벽에서 멀어질수록 후기의 광물이며 자형의 결정을 이루는 경우가 많다.

### 다공상조직(vesicular texture)

용암류에 함유되어 있던 휘발성 물질이 용암류가 굳기 전에 팽창되어 대기로 빠져 나가거나 용암류에 갇혀 많은 기공이 형성된 구조이다. 기공은 빈 공간이거나 가스 형태의 기포로 채워져 있다. 이러한 기포는 마그마가 지표에 분출될 때 단열 팽창의 효과로 기포화작용(vesiculation*)이 활성화된 결과이다. 그로 인해 마그마에 용해되어 있던 휘발성 물질의 일부는 대기로 빠져 나가고 용암류의 점성은 급격히 높아져서 잔류 휘발성 물질이 용암류에 갇혀 기포가 된다. 현무암과 같은 고철질 용암은 유문암과 같은 규장질 용암보다 온도는 높고 점성은 낮기 때문에 기공이 고철질 용암류의 상부로 상승하여 농집될 여건이 갖추어진다. 이러한 이유로 다공상조직은 유문암보다 현무암에, 암체의 하부보다 상부에 발달된다.

부석(pumice)은 대부분 유리질 성분에 기공이 무척 많아 전체의 약 40%이고, 비중이 물보다 낮은(0.36~0.46) 화성쇄설물이다(사진 152). 기공이 없으면 흑요석이 되는데 흑요석은 용암류가 굳은 것이고 부석은 규장질 성분이며 화성쇄설 기원이다. 후마그마기에 농집된 다량의 물(10% 이상)과 기체를 함유한 규질 마그마가 격렬한 화산 폭발로 휘발성 물질이 공중에서 과냉각됨으로 인해 마그마로부터 분리되어 다공질 부석이 된다. 고철질 마그마 성분의 암재(scoria, 사진 153) 역시 다공질 암석이며 부석과 성인은 유사하지만 부석보다 무겁고, 우흑질이며, 상대적으로 결정질인 점이 다르다. 부석과 암재는 둘 다 화성쇄설물로서 일종의 테프라이다(5장 참고). 부석이나 암재에 기공이 특히 압도적으로 많을 때 각각 부석질 또는 암재질이라 한다. 분석구는 암재와 동의어이다.

### 행인상조직(amygdaloidal texture)

다공질암의 기공이 후마그마 기원의 2차적 광물로 채워진 조직으로서 기공을 채운 광물을 행인이라 한다. 행인은 아몬드 열매와 크기와 모양이 비슷한 데서 붙여진 이름이다. 행인은 흔히 단백석, 옥수, 녹니석, 방해석, 제올라이트, 자연동 같은 저온성 광물로 구성되며 드물게는 유리질 또는 세립 석기도 관찰된다. 그러나 최근(제3기 이후)에 분출된 용암의 행인은 단순한 기포가 대부분이다. 행인과 외곽과의 경계는 명료하다. 이 조직이 심성암에서 발견되었다는 보고는 없다.

- 공극행인상조직(void amygdaloidal texture*) 만약 기공이 광물로 완전히 채워지지 않고 중심부에 공간이 남아 있으면 이 조직이 된다.
- 복합행인상조직(complex amygdaloidal texture*) 하나의 큰 행인 안에 여러 개의 행인이 형성되어 있는 것이다. 이 경우 최외곽의 행인이 최초로 정출된 것이다.

행인은 공동을 충전한 광물이므로 공동의 벽에 가까울수록 초기에 정출된 광물이며, 단일 광물로 구성되거나 여러 겹의 상이한 광물로 이루어진 누대 분포를 보이기도 한다.

### 정동(마이아롤리틱)구조

반심성암이나 심성암에 형성된 불규칙한 형태의 공동에 흔히 자형의 결정이 정출된 구조이다. 정동에서 정출된 입자는 대부분 현정질이며 후마그마기에 정출되는 조암광물로 구성된다. 조암광물의 종류는 보통 연수정, 자수정, 형석, 방해석, 자형의 장석류, 일부 불투명 광물, 백운모 덩어리이며 드물게는 인회석, 토파즈도 산출된다. 정동은 알칼리 규장질암(특히 화강암질암)에 잘 발달되며, 심성암체의 상부대 암석에서는 관찰되나 심부대 암석에서는 찾아볼 수 없다. 경상남도 언양의 자수정 광산의 모암은 알칼리 장석 화강암이다.

정동도 일종의 공동이기 때문에 형태는 불규칙하나 모암과의 경계는 뚜렷하며 그 경계의 벽으로부터 공동의 내부로 광물의 정출이 시작된다. 만약 이 경계가 점이적이면 공동이라 할 수 없고 거정암의 산출상태가 된다. 일반적으로 심성암체 내부의 공동은 후마그마기의 기성기에 농집된 기체 덩어리의 형성에 의한 것으로 설명한다. 기성기의 마그마는 암석의 윤곽이 잡힌 때이므로 기체 덩어리로 인해 고정된 공간이 생길 수 있다. 참고로 거정암이 형성되는 거정암기는 기성기 이전이므로 마그마에서 고정된 공간이 형성될 가능성은 상대적으로 낮다. 정동구조는 대규모의 행인상조직이라 할 수 있다.

### 빗살조직(comb texture)

정동 또는 암석의 역V자형 균열에는 광물이 벽에서 내부에 피각상으로 정출된다. 빗살조직은 피각을 이룬 결정의 장축 방향이 벽과 수직되게 성장하여 빗살 모양을 이룬 데서 나온 용어이다. 균열 내의 피각상 광물대는 균열 양측에서 동일 광물로 대칭을 이루기도 한다. 정출이 진행됨에 따라 여러 겹의 피각으로 점점 좁혀진 중앙의 공간은 그대로 남기도 하고 광물로 완전히 채워지기도 한다. 때로는 교질상으로 침전된 피각을 형성한다. 중앙의 공간에 최후로 정출된 광물은 반구형 방사상 결정을 이루기도 한다.

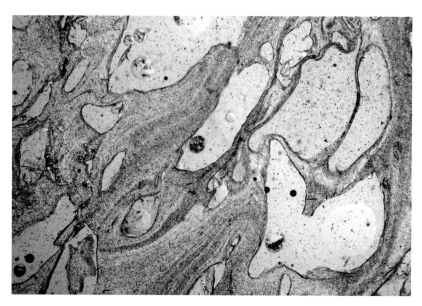

### 152 다공상조직의 부석

부석은 지표에서 용암류가 굳은 것이 아니라 낙하 화성쇄설 기원의 암석이다. 사진(단니콜)은 유문암질 부석으로 부석질이며 기공이 압착되거나 날카로운 모서리가 없는 것이 특징이다. 그러나 압착을 받으면 기공의 벽이 서로 맞닿아 일정한 방향으로 신장된다. 사진에서 유동 조직을 보이는 부석의 유리질 기질을 고배율로 관찰하면 여러 형태의 정자, 먼지, 마이크롤라이트와 같은 초기결정이 관찰된다.

백두산 천문봉, 정상 일대
단니콜, 68배

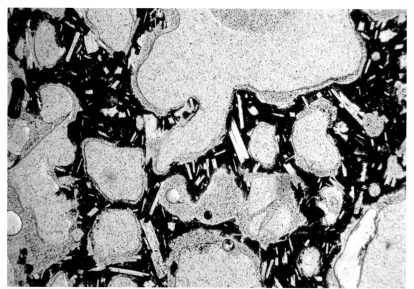

### 153 다공상조직의 암재(스코리아)

부석과 성인 및 조직이 매우 유사한 낙하화성쇄설암이다. 사진(단니콜)은 현무암 성분의 암재로서 기공은 모나지 않은 형태를 보이고 바탕은 주상 또는 침상 사장석 마이크롤라이트를 포유한 갈색의 불투명 반유리질로 구성되어 있다. 부분적으로 탈유리화된 입자가 관찰된다. 현무암질 화산력이나 화산탄은 대부분 암재이다.

제주도 서귀포시 성산읍 신양리, 섭지코지
단니콜, 34배

## 154 다공상조직의 현무암

세립 감람석을 함유한 다공질 현무암이다. 현무암은 형성 과정으로 보아 암재와 명확한 차이가 있으나 성분과 조직에서는 암재에 기공이 더 발달되어 있는 점 외에 큰 차이가 없다. 형성과정으로 볼 때 현무암은 지표에서 굳은 용암(예 현무암층)이고 암재는 부석과 마찬가지로 독립된 암체가 아닌 화성쇄설암이다.

제주도 서귀포시 표선면 신풍리
단니콜, 34배

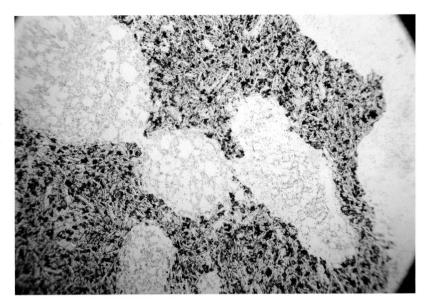

## 155 현무암과 행인상조직

주로 사장석을 반정으로 한 현무암이다. 변질을 받아 녹렴석, 녹니석, 방해석으로 교대된 반정과 기공을 충전한 변질광물이 관찰된다. 사진은 기공에서 정출된 행인으로서 행인의 외곽에서 내부로 정출이 진행되었다. 정출순서에 따라 얇은 띠로 된 최외곽의 교질-포도상 옥수(칼세도니), 은미정질 펜닌, 미정질 펜닌, 중앙의 방해석, 그리고 최종으로 방해석과 펜닌의 일부를 교대한 녹렴석이 관찰된다.

충남 태안군 남면 은골
직교-단니콜, 68배

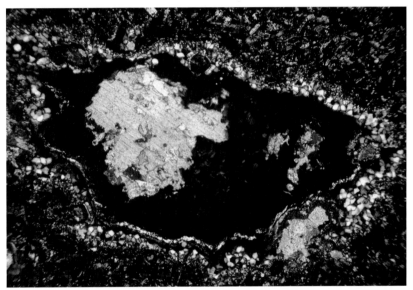

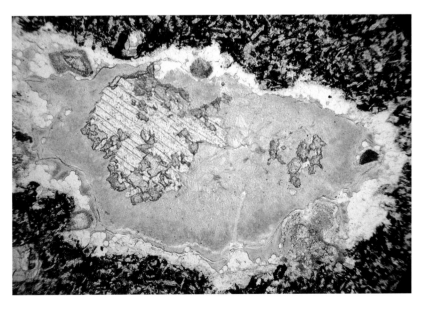

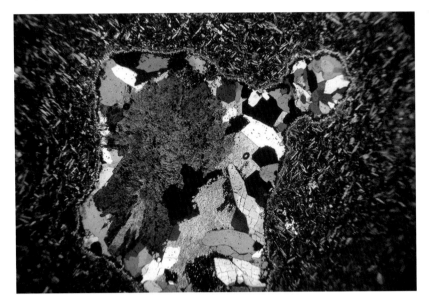

## 156 현무암과 행인상조직(2)

사진의 중앙에 현무암의 기공을 충전한 행인이 보인다. 행인은 최외곽으로부터 내부로 은미정질 옥수, 단니콜에서 연두색 다색성을 보이는 가느다란 띠 모양의 녹니석, 반자형의 석영, 석영 결정의 틈새에서 간극조직을 이룬 방해석, 중앙의 암회색 정장석 순으로 정출되었다. 옥수와 녹니석은 단니콜에서 잘 관찰되며 행인과 외곽과의 경계는 명료하다.

충남 태안군 남면 은골
직교−단니콜, 68배

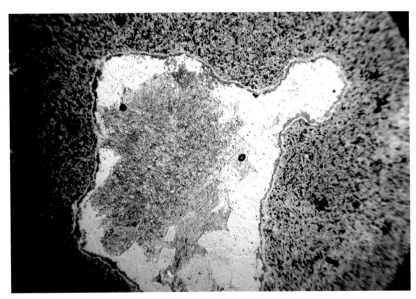

## 157 조면암과 행인상조직

새니딘 반정에 새니딘 마이크롤라이트 석기로
구성된 조면암이다. 반정은 시야의 밖에 있다.
시야에는 기공(아래 사진의 왼쪽 하단)과 기공
이 광물로 채워진 행인이 관찰된다. 행인의 최
외곽을 구성한 광물은 2축성 정(+)의 광물로서
트리디마이트인데 장축이 기공의 벽에 대략 수
직이며 석기와의 경계는 명료하다. 행인의 중
앙은 연두색 다색성을 보이는 미정질 녹니석으
로 되어 있다.

제주도 서귀포시 하효동, 예촌봉 일대
직교–단니콜, 34배

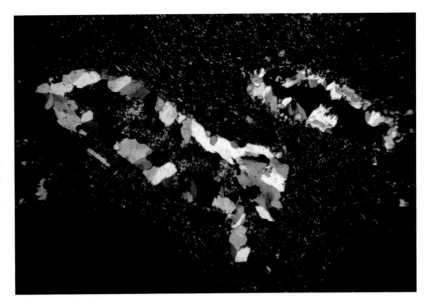

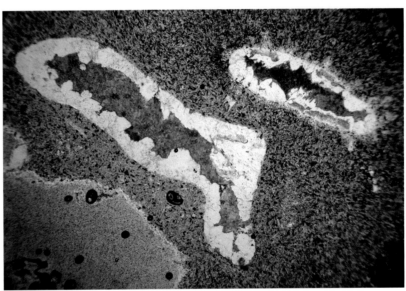

## 158 공극행인상조직

미정질 내지 은미정질 입자로 구성된 조면암에 있는 기공에 2차적 광물이 기공의 벽으로부터 내부로 직각 또는 방사상으로 정출하여 행인이 만들어졌다. 이 행인은 기공을 완전히 채우지 않고, 사진에서와 같이 행인의 중앙에 소광상태인 공간이 남아 있어 공극행인상조직을 이룬다. 기공의 최외곽은 미정질 탁상 옥수로, 그 내부는 부분적으로 원형 또는 반원형 교질상 단백석으로(단니콜), 더 내부는 부채꼴 방사상 옥수와 단백석으로 구성되어 있다.

제주도 서귀포시 하효동, 예촌봉 일대
직교−단니콜, 34배

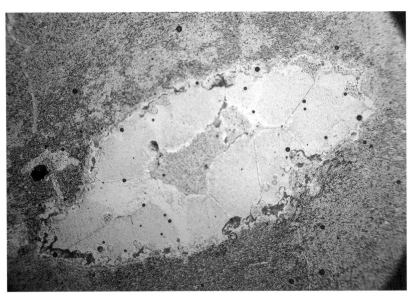

## 159 공극행인상조직(2)

미정질 내지 은미정질 사장석과 유리질 석기로 구성된 현무암이다. 심한 변질을 받아 방해석, 녹니석 등이 시야 전체를 덮는다. 사진의 행인은 최외곽의 은미정질 옥수로 시작하여 내부로 은미정질 녹니석, 침상 녹니석, 방해석, 그리고 중심부 소광상태의 공극행인상조직으로 구성되어 있다. 공극은 3개로 나뉘어 있으며 공극 주위에 부분적으로 녹니석 반응환이 관찰된다. 침상 녹니석은 외곽에서 직각으로 내부를 향해 톱날 형태로서 성장한 모양이 공극의 벽에서 정출이 시작된 행인임을 말해 준다. 가장 오른쪽 공극과 왼쪽 위 공극의 주변은 작은 행인의 외곽이 부분적으로 형성되어 있어 불완전하나 복합행인을 이루었다.

충남 태안군 남면 황도리
직교-단니콜, 68배

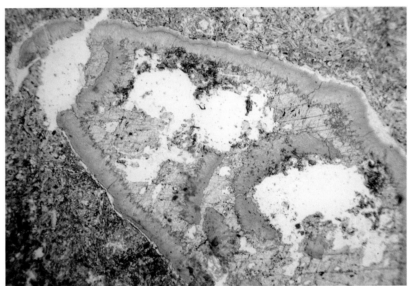

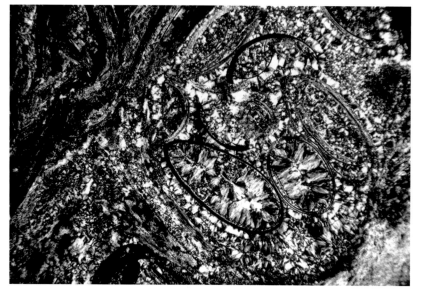

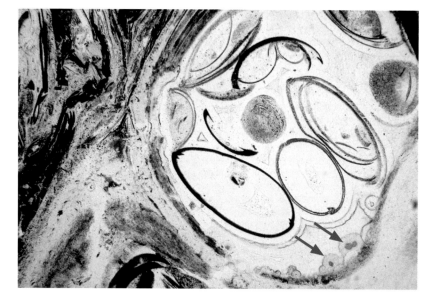

## 160 복합행인상조직

큰 기공 안에 작은 기공이 여럿 형성되고 모든 기공은 행인상조직을 이룬다. 행인을 구성한 광물(엽상 옥수)은 기공의 벽에서 내부로 성장하였으며 그 중심에는 대부분 미정질 석영이 관찰된다. 드물게는 큰 기공 안에 구과상조직이 행인과 같이 형성되어 있다. 성인적으로 이 암석은 부석과 같은 다공질 규장질암이었을 것으로 보이며, 이 암석에 2차적으로 다량의 기포를 함유한 마그마가 유입되어 행인과 구과를 생성한 것으로 판단된다. 단니콜에서 가장 외곽의 행인 오른쪽 아래(화살표)에는 침상결정이 기공의 벽에서 내부로 교질-방사상으로 정출되어 있음을 볼 수 있다. 이는 방사상 광물이 정출될 때 내부는 공동임을 의미하며 최외곽의 행인이 가장 먼저 형성된 것임을 나타낸다.

산지 불명
직교-단니콜, 34배

## 161 알칼리 장석 화강암과 정동

야외 사진이다. 중앙의 동전 좌·우에 각각 5cm, 3cm 크기의 정동이 보인다. 정동의 벽에는 미세한 결정이 정출되어 있어 행인상 조직을 이룬다. 이 정동은 중립질 알칼리 장석 화강암에 형성되어 있는데 이 암석의 입자가 미세해지거나 암질이 변하면 정동은 관찰되지 않는다. 정동과 모암의 경계는 명료하다.

울산광역시 울주군 언양읍, 자수정 동굴

## 162 정동의 현미경 관찰

알칼리 장석 화강암에 형성된 공동(사진 위쪽의 소광상태)과 공동 주변의 광물을 촬영한 것이다. 공동의 벽은 최초로 미정질 또는 은미정질 석영 입자로 싸여 있고 이 석영으로부터 자형 또는 반자형 석영이 공동의 벽에 직각으로 정출되었다.

울산광역시 울주군 언양읍, 자수정 동굴
직교니콜, 34배

## 163 균열에 형성된 정동

안산암에 0.2~1.0mm의 균열이 생기고 균열에 따라 정동이 형성되어 광물이 정출되었으며 균열의 주위는 모암 변질의 양상이 관찰된다. 균열의 양쪽 벽으로부터 내부로 견운모대와 더 안쪽의 녹렴석대가 대칭을 이루었는데 녹렴석은 공동의 중앙으로 계속 정출되었다. 이보다 후기의 방해석은 공동의 중앙부 녹렴석 사이에 충전되어 녹렴석-방해석 간극 조직을 형성하였다. 단니콜로 볼 때 균열 양쪽에 0.3mm 미만의 변질대가 관찰되는데 이는 견운모화에 의한 것이다. 직교니콜에서 소광상태를 보이는 부분은 공동이 아니라 녹렴석이 광축에 직각으로 잘린 면이고, 단니콜에서 백색으로 보이는 부분은 방해석이다.

경남 고성군 상리면, 고성동광산 부근
직교-단니콜, 34배

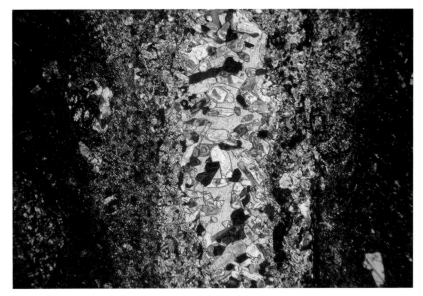

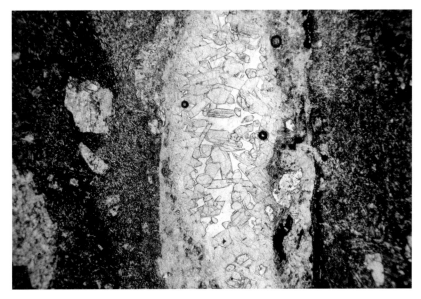

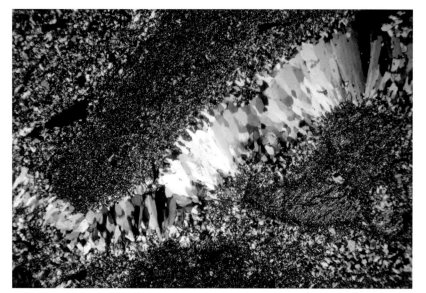

## 164 공극에 형성된 빗살조직

이 암석은 유문암질 응회암으로 파쇄대의 일부이다. 파쇄대의 균열은 맥상 석영으로 충전되어 있는데 균열의 양쪽 벽으로부터 장축 방향이 벽에 직각되게 정출한 석영은 빗살 또는 톱날 모양을 보인다. 현미경 시야의 밖에는 공동의 벽에서 반원 형태로 정출된 방사상 입자도 관찰된다.

경남 고성군 상리면, 고성동광산 부근
직교니콜, 34배

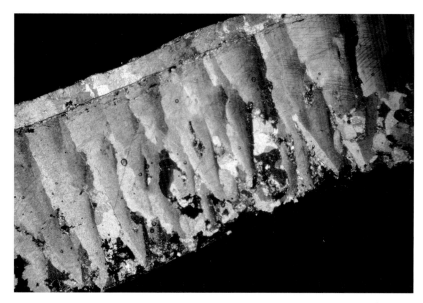

## 165 빗살조직의 타조알 껍데기

빗살조직을 확실히 보이는 타조알 껍데기의 단면을 촬영한 것이다. 두께는 0.77mm 내외이다. Ⅱ상한 쪽이 알의 외부, Ⅳ상한 쪽이 내부이다. 치밀한 미정질 방해석이 최외곽에 약 0.1mm 두께의 층상구조를 형성하였고, 이 구조에 장축 방향이 직각되게 성장한 중립질 방해석이 알의 내부를 향하고 있다. 방해석 입자의 내부 쪽 끝은 날카로운 톱날 형태를 보인다. 이로 보아 알 껍데기는 최외곽에서 내부로 정출이 진행된 것이다.

우석헌 자연사 박물관 제공
직교니콜, 68배

# 5장 화성쇄설성 구조 · 조직

## 낙하화성쇄설성조직(pyroclastic fall*, air fall texture)

이 조직의 화성쇄설암은 테푸라가 쌓여 암석이 된 것이다. 테푸라는 화산이 폭발할 때 화구에서 분출된 화성쇄설물이 일단 공중에 올라갔다가 식은 후 낱알로 떨어진 것이다. 무거운 테푸라는 화구 근처에 떨어지고 세립 유리질은 바람에 더 멀리 날아가기 때문에 낙하 화성쇄설암은 입자의 크기나 성분이 중력에 의해 분급이 잘 되어 층리가 발달되고 측변화를 보이는 암체가 된다. 넓은 분포를 보이는 테푸라는 대부분 유리질 화산회나 부석 화산력으로 규질 성분이다.

테푸라는 결정도에 따라 석질 암편과 유리질 암편으로 나뉘는데 석질 암편은 결정질이다. 암편의 크기에 따라 테푸라는 화산회(<2mm), 화산력(2~64mm), 화산암괴와 화산탄(>64mm)으로 분류된다.

낙하화성쇄설암의 육안 및 현미경 관찰에서의 일반적 특징은 양호한 분급, 독립된 미세한 알갱이 입자(처트와 유사함), 다양한 성분의 암편, 유동구조의 결여 등이다. 이러한 점은 특히 유문암과 차이를 보인다. 그림 14는 용암류에 의한 유문암(왼쪽)과 화성쇄설성 입자(테푸라, 오른쪽)에 의한 응회암에서 두 암석의 기질(바탕)을 비교한 것이다.

## 화성쇄설성분급구조(pyroclastic sorting structure*)

분급이 잘 된 퇴적층과 같은 성층을 이룬 구조이다. 입자의 크기가 작은 테푸라일수록 양호한 분급 구조를 보이는데 이 점은 풍성 또는 수성쇄설암과 동일하다(사진 167, 168 참고).

## 석질응회암조직(lithic tuff texture*)

이 조직은 화산회 크기의 결정이나 결정의 파편, 그리고 암편으로 구성된 조직이다. 화성쇄설물과 화산 폭발 전에 이미 마그마에서 정출된 결정질 입자가 공중에서 낙하하는 동안 유리질 입자로부터 상대적으로 무거운 결정질 입자가 분급되고 쇄설물층 하부에 농집되어 형성된다. 유리질 입자가 결정질 입자보다 많으면 결정-유리질 응회암이 되고, 결정과 암편으로 되어 있으면 결정-암편 응회암 또는 석질 응회암이 된다. 따라서 석질 암편은 광물편과 암편을 모두 포함한다.

## 두상구조(pisolitic structure)

테푸라가 분출 구름과 같은 대단히 습한 환경에 노출되면 미세한 입자는 뭉쳐져 2~10mm 크기의 동심원 형태의 피막으로 된 점토구를 형성하는데 이를 두상구조 또는 부착화산력(accretionary lapilli*)이라 한다. 이러한 화산력은 화구 근방에 쌓이고 굳어 두상 응회암이 된다. 이 구조는 암편 테푸라에 점토(화산회)가 부착된 것이다.

## 유리피막결정조직(intratelluric crystal texture*)

결정이 유리질 입자로 피막된 조직이다. 마그마가 분출하기 전 이미 부분적으로 또는 완전하게 정출된 결정은 화산 폭발로 마그마에서 분리되는데 이 결정을 화산 분출과 동시에 형성된 유리질이 완전히 감싸거나, 감싼 것이 분리되지 않고 부분적으로 묻어 있는 형태이다. 폭발 에너지에 의해서 내부의 광물은 광학적으로 불균질한 변형을 초래하기도 한다. 이 조직은 유동화성쇄설성조직에서도 관찰되며 광물 테푸라에 유리질이 부착된 것이다.

 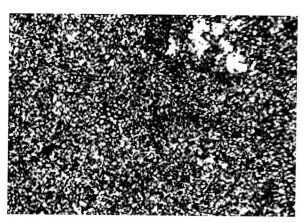

그림 14.
유문암의 석기(왼쪽, 직교니콜, 68배)와 응회암의 바탕(오른쪽, 직교니콜, 68배) 비교. 유문암은 마그마가 굳어 이루어진 유리질 또는 마이크롤라이트(구름 모양)석기이고, 응회암은 테푸라의 기계적인 퇴적으로 이루어진 쇄설성 구조(좁쌀 형태)이다. 사진의 테푸라는 화산회에 해당된다.

### 현무암질유리조직(basaltic glass texture*)

규질 낙하 화성쇄설암보다 규모는 작으나 염기성 세립 현무암질 응회암은 많은 양의 흑색, 갈색, 녹색을 띠는 정자(결정배)로 구성된 암편을 함유하고 있어 두터운 부분은 불투명해진다. 이러한 유리질을 현무암질 유리라 하고 그러한 유리질을 함유한 조직을 현무암질유리조직이라 한다. 현무암질 유리는 응회암뿐만 아니라 냉각대에서도 관찰된다(6장 냉각대 구조 참고). 타킬라이트나 시대로맬랜(sideromalane*)은 현무암질 유리와 동의어이다.

### 망상기공조직(reticulite, thread-lace texture)

현무암질 성분의 암재에서 관찰되는 조직으로, 다량의 기체를 함유한 마그마가 폭발적으로 분출할 때 실낱같은 갈색 또는 흑색 유리질 분출물이 미세한 3차원적 망상 구조를 이룬 것이다. 아주 미세한 기공이 무수히 형성된 모양과 같다.

### 펠레의 눈물과 머리칼조직
### (Pele's tear and hair texture*)

암재 성분의 용암류가 물을 많이 함유하여 유동적일 때 기포의 폭발은 분무기와 같이 미세한 액체를 뿜어낸다. 동시에 단열팽창에 의하여 액체의 온도가 급강하여 작은 유리구(펠레의 눈물)와 여기에 연결된 미세한 유리질 실낱(펠레의 머리칼)을 만든다(Decker와 Chridtiansen, 1984). 이 유리구는 지름이 0.5mm 이내이고 실낱의 길이는 2m가 되는 것도 있다. Walker와 Croasdale(1972)은 이러한 특이한 암재를 비말암재(achnelith scoria*)라고 명명하였다. 그리스어 'achne'는 물보라 또는 비말(飛沫)을 의미한다. lauohoopele, filiform lapilli, capillary ejecta는 펠레의 머리칼 조직과 동의어이다.

## 166 화산회 테푸라

이 사진은 고화되지 않은 화성쇄설물(테푸라)을 촬영한 것이다. 쇄설물은 1/4mm 내외의 화산회가 대부분이어서 분급이 매우 양호함을 알 수 있다. 화산회의 성분은 유리질 입자 외에 사장석, 정장석, 석영으로 구성된 규장질 광물과 보통각섬석, 휘석으로 구성된 고철질 광물이다. 직교니콜의 사진과 단니콜 사진을 비교할 때 단니콜에서 관찰되는 입자의 반 정도는 직교니콜에서 소광상태이다. 이로 보아 석질 및 이방성 광물 입자와 유리질 입자가 대략 반반씩 섞여 있는 테푸라임을 알 수 있다.

제주도 제주시 용수리, 수월봉 해안
직교－단니콜, 34배

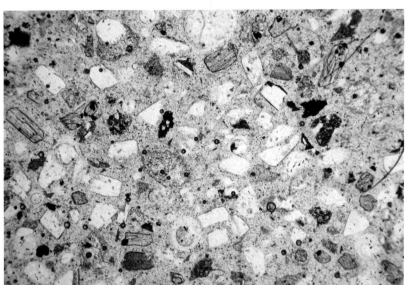

## 167 낙하 화성쇄설암의 분급구조

야외 사진이다. 화산회로 구성된 미세한 화성쇄설층(해머 부근)과 안산암-현무암 성분의 화산암괴, 화산력이 함유된 화성쇄설층(해머 위층)이 보인다. 몇 곳은 화산암괴에 의한 탄낭구조가 지층을 뚫고 형성되어 있다.

제주도 서귀포시 상모리 산이수동 선착장, 서측 해안

 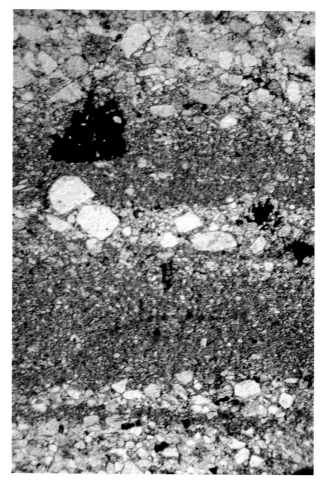

## 168 낙하 화성쇄설암의 쇄설성분급구조

사진 위쪽이 상부이고 아래쪽이 하부인데 상하 관계는 야외에서 확인한 것이다. 3조의 화산회로 구성된 화성쇄설암층, 그 사이에 있는 2조의 유리질 화성쇄설암층을 사진에서 볼 수 있다. 유리질 화산회층은 구성 입자가 아주 미세하여 박편 두께에서 입자가 중첩되기 때문에 직교니콜에서 소광상태가 된다. 양호한 분급을 보인다.

제주도 제주시 용수리, 수월봉 해안
직교-단니콜, 38배

## 169 광물편에 의한 석질응회암조직

낙하 화성쇄설물로 구성된 이 암석은 화산의 폭발 전 마그마에서 정출된 결정(석질암편)과 폭발 후 대기 중에서 급격히 식은 유리질로 되어 있는데 대부분 전자로 구성되어 있어 석질응회암조직을 보인다. 석질암편의 성분이 대부분 정장석과 석영, 그리고 소량의 사장석인 것으로 보아 사진의 암석은 규장질 마그마의 분출에 따른 쇄설암이다.

경북 울릉군 울릉읍 독도리, 저지
직교-단니콜, 68배

## 170 암편에 의한 석질응회암조직

이 암석은 암편에 의한 석질응회암이다. 직교 니콜에서 볼 때 소광상태가 거의 없어 유리질 부분이 매우 적고 대부분 암편임을 알 수 있다. 왼쪽 중간의 소광상태는 은미정질 화산암으로 보이며 그 밖의 암편은 유문암, 안산암, 현무암 등으로 구성되어 있다.

경북 울릉군 울릉읍 독도리, 저지
직교-단니콜, 34배

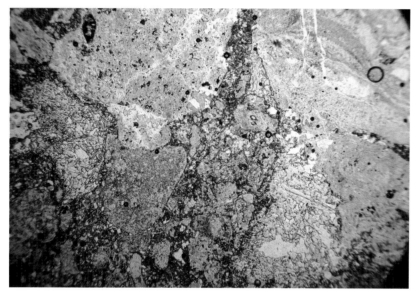

## 171 두상구조의 점토구

야외 사진이며 응회암 또는 화산력 응회암 층에 지름 2cm 미만의 점토구가 형성되어 있다. 작은 사진에서와 같이 하나의 점토구는 중앙에 현무암편이 있고 그 주위를 점토가 둘러싸는 두상구조를 형성한다. 점토만으로 된 이 구조는 관찰되지 않는다. 중앙 현무암편과 주변 점토층과의 경계는 박편 사진 172에서 소개한다.

제주도 서귀포시 성산리, 성산일출봉 서남해안

## 172 두상구조의 점토구(2)

점토구의 중앙 암편(사진의 왼쪽)은 다공질 현무암으로 휘석과 사장석 반정과 불투명 광물로 구성된 석기로 이루어져 있다. 사진 오른쪽의 화산회는 대부분 은미정질 광물로 구성되어 있으며 그중 유리질 입자가 반 이상이다. 화산회에는 미세한 공극도 관찰된다. 암편 주위의 테푸라는 유리질 화산회가 대부분이다.

제주도 서귀포시 성산리, 성산일출봉 서남해안
직교-단니콜, 34배

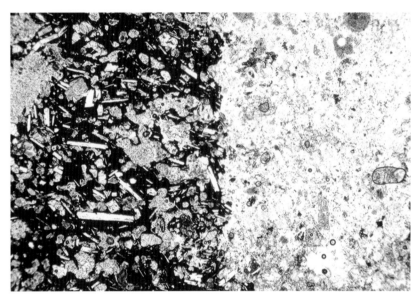

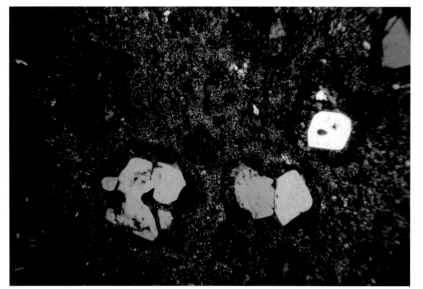

## 173 유리질 피막 결정

2mm 이하의 화산회로 구성된 응회암인데 이 암석에 함유된 석영과 장석 입자 주위가 마치 반응연(과성장 조직)과 같이 유리질로 둘러싸여 있다. 유리질은 직교니콜에서 소광상태이고, 단니콜에서 투명한 것으로 확인된다. 중앙 석영 입자의 용식현상은 화산회 피막 때문이 아니라 용융상태의 유리질 피막에 의한 것이다. 단니콜에서는 유리질 피막의 경계가 뚜렷이 관찰된다. 맨 오른쪽 밝은 석영의 Ⅱ-Ⅲ상한에는 반정과 접해 있고 반정보다 후기의 광물로 구성된 오셀라조직이 보인다.

전남 여수시 화양면 서촌리
직교–단니콜, 34배

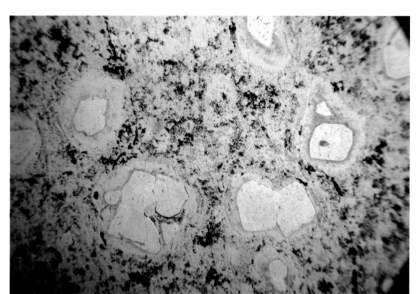

## 174 유리질 피막 결정(2)

일반적으로 유리피막결정조직은 앞에서 소개한 바와 같이 낙하 화성쇄설암에서 흔히 관찰되는 조직인데 이 사진의 암석은 유동 화성쇄설암에 속하는 용결 응회암이다(유동 화성쇄설암 참조). 유리질 입자는 두 경우 모두 마그마가 화구를 벗어난 이후에 형성된 물질임을 감안할 때 유리질 피막은 유동 화성쇄설암보다는 낙하 화성쇄설암의 가능성이 커 보인다. 후자의 경우는 화쇄류가 굳은 암석이므로 지표에서 흐르는 동안 유리질이 형성되고, 이 유리질이 입자에 달라붙어 유리피막결정조직이 된다.

전남 여수시 화양면 서촌리
직교-단니콜, 34배

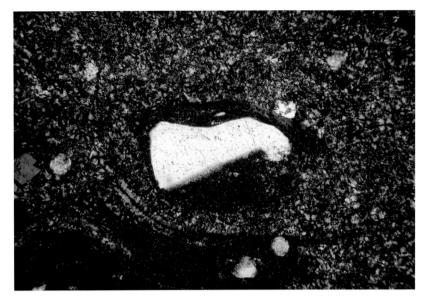

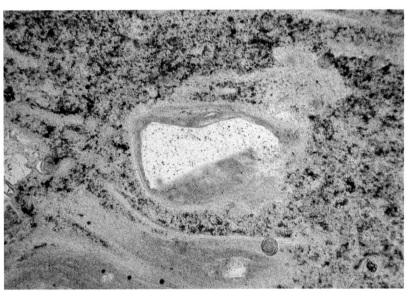

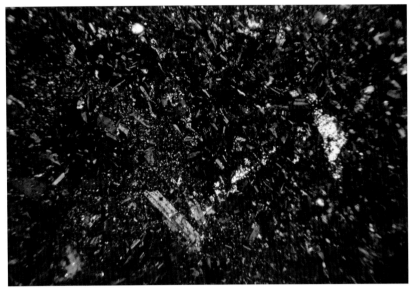

## 175 유리질 현무암편과 현무암질유리 조직

대부분 은미정 또는 마이크롤라이트 사장석으로 구성된 세립 현무암편의 집합이다. 밝게 보이는 미세한 입자는 사장석을 교대한 견운모이다. 직교니콜에서 시야가 전반적으로 어둡게 보이는 것은 대부분 유리질 현무암편으로 구성되었기 때문이다. 단니콜에서는 시야가 밝게 보이는데 직교니콜에서 어둡게 보이는 입자 또는 암편들이 유리질임을 말해 준다. 또한 단니콜에서는 암편의 윤곽이 뚜렷이 보여 현무암질유리로 되어 있음을 알 수 있다.

제주도 서귀포시 표선면 신풍리
직교-단니콜, 34배

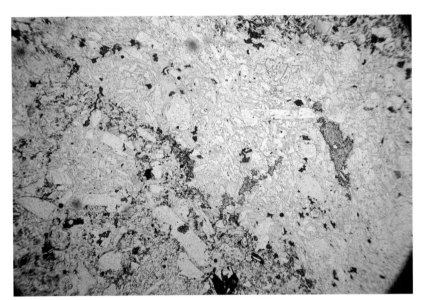

## 176 미세한 망상기공조직

사장석, 사방 및 단사휘석을 반정으로 한 현무암이다. 사장석보다 후기에 정출된 미세한 망상 입자가 사장석 반정 주위와 석기에 정출되어 있다. 망상 입자는 광학적으로 균질하고 이방성이어서 재물대를 회전할 때 서로 떨어져 있는 입자도 동시에 소광상태가 된다. 미세한 망상 기공은 폭발적 분출물이 급격히 식어 형성된 마이크롤라이트로 보인다.

제주도 서귀포시 표선면 신풍리
직교니콜, 34배

## 177 펠레의 눈물과 머리칼조직

흑요암의 단니콜 사진으로 대물렌즈 배율은 40배이다. 사진에서 작은 유리구(펠레의 눈물)와 이에 연결된 실낱(펠레의 머리칼)이 관찰되며 양자가 분리되어 있는 것도 있다.

백두산, 북사면 해발 2,400m 부근
단니콜, 272배

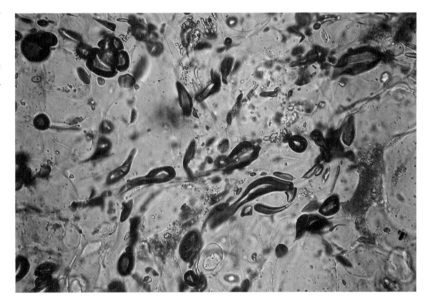

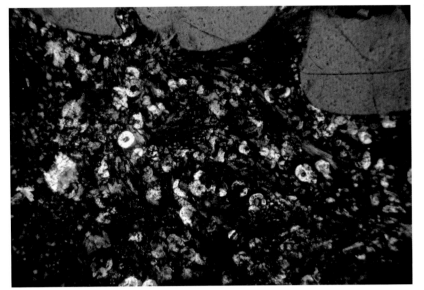

## 178-179 펠레의 눈물

석영과 장석을 반정으로, 은미정질 또는 유리질 입자를 석기로 한 흑요암이다. 위 사진 178의 석기에는 지름이 0.03mm 이하이고 가운데에 공간이 있는 도넛 형태의 이방성 입자가 관찰된다(펠레의 눈물). 사진 위쪽 석영 반정이 용식된 부분에도 눈물 입자가 있는 것으로 보아 눈물 입자는 유문암의 석기와 동시 또는 먼저 정출된 것으로 보인다. 아래의 사진 179는 펠레의 눈물을 대물렌즈 40배로 확대하여 관찰한 것으로 눈물의 장경은 0.04mm 이하이다.

백두산, 북사면 해발 2,400m 부근
단니콜, 136배(상)
단니콜, 272배(하)

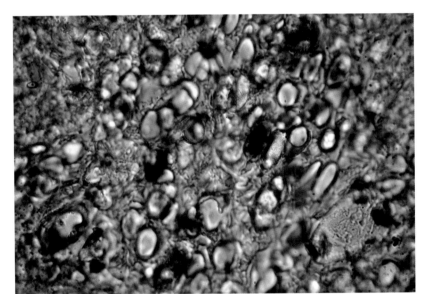

## 유동화성쇄설성조직(pyroclastic flow texture)

이 조직의 화성쇄설암은 화쇄류(ignimbrite*)가 굳은 것이다. 화쇄류는 테푸라와는 달리 화산체의 사면을 따라 흘러내린 각종 화성쇄설물로 구성된 암석이다(그림 15). 화산이 폭발하면 암괴, 화산력, 화산회가 비중과 점도가 높은 뜨거운 유동체와 반죽이 되어 화산성 흙탕 흐름(volcanic mudflow* 또는 lahar)을 이루어 흘러내린다. 그러한 이유로 화쇄류는 분급이 이루어지지 않고 층리도 볼 수 없는 판상 암체로서 평지에서는 두께가 1m 이내이지만 계곡에 진입한 화쇄류는 이보다 훨씬 두터운 층후를 갖는다.

화쇄류는 대부분 분급이 안 된 유리질 화산회나 부석질 화산력으로 구성된다. 대부분 유문암질 또는 데사이트질 성분이지만 안산암질도 관찰된다. 부석질 화산력과 화산회 바탕에 용식된 자형 또는 반자형 반정이 관찰되는데, 이 반정은 화쇄류가 분출되기 전 마그마에서 먼저 정출된 것으로 판단된다. 고철질 광물은 수중에서 산화되어 적색의 테두리를 만드는데 용결작용과는 무관하다.

### 이질분출물조직(accidental, noncognate texture*)

이 조직은 낙하 및 유동 화성쇄설암 모두에 적용된다. 화쇄류의 구성물이 해당 마그마의 분출에 기원된 화성쇄설물과 그렇지 않은 것이 함께 함유된 조직이다. 이러한 이질 분출물은 먼저 분출된 쇄설물이나 화산체를 이룬 기존의 모든 종류의 암석이 된다. 앞에서 소개한 화성쇄설암에 있는 자형 또는 반자형 반정은 동원마그마 기원이기 때문에 이러한 반정의 성분이나 결정 형태와 비교해서 이질 분출물 여부를 판단할 수 있다.

### 동질분출물조직(accessary, cognate texture*)

이 조직도 낙하 및 유동 화성쇄설암 모두에 적용된다. 화쇄류의 구성물이 해당 마그마의 분출에 의한 화성쇄설물로만 구성된 조직이다. 이러한 동질 화산 분출물을 초생암편이라고 한다.

### 이중분출물조직(double eruption texture*)

부피가 큰 하나의 마그마나 성분이 다른 인접한 두 마그마가 연속적으로 분출하여 서로 섞이면 먼저 분출된 화쇄류에 함유된 광물 주위를 후기의 화쇄류 성분이 반응연조직 형태로 에워싼 모양이나 이질적 광물이 공존한 이중분출조직으로 형성된다. 동일 마그마 기원인 경우, 화쇄류의 성분은 일반적으로 초기의 규질 성분에서 후기의 고철질 성분으로 변한다. 이럴 때 규질 광물을 둘러싼 염기성 광물이 만들어지는 것과 같이 이질 광물의 띠가 형성된다. 때로는 1개의 부석질 화산력이 성분이 다른 두 종류의 부석으로 구성됨으로서 성분이 혼합되어 간섭색에 차이를 보이기도 한다(사진 191).

### 수생화성쇄설구조(aquagene pyroclastic structure*)

- **수생균열구조**(aquagene crack structure*) 용암류가 지하수를 함유한 다공질암에 접하거나 하천 또는 바다에 직접 유입되면 물은 고열로 인해 증기로 변하여 폭발력이 현격하게 증가한다. 물과 접한 용암류는 급속히 냉각되므로 폭발적으로 발생한 증기에 의해 거북등과 같이 잘게 깨어진 수생균열이 생겨 쇄설용암이 되는데 이를 수생응회암(aquagene tuff*)이라 한다. 이러한 수생 쇄설용암은 빙하 아래에서 일어난 화산 폭발에서도 형성되는데 이

그림 15.
화쇄류의 모습이다. 시야에 보이는 두께만 약 3.5m이며 미약한 층리를 보인다. 분급이 이루어지지 않은 화산회로부터 화산암괴에 이르는 화성쇄설물로 되어 있다. 쇄설물의 바탕은 견고하게 고화된 용암류로 되어 있어 응회-용암(tuff-lavas)이라고도 불린다.

전북 부안군 위도면 진리
고희재 박사 사진 제공

는 고열의 용암류가 빙하를 녹여 앞에서 설명한 물과 용암의 관계와 같아지기 때문이다. 수생 응회암은 유리쇄설암(hyaloclastite*)이라고도 한다.

- 수중산화조직(aquagene oxidation texture*)  물과 접한 용암은 급속히 냉각되고 깨어져 유리질 쇄설물이 된다. 이 유리질 쇄설물이나 마그마에서 이미 정출되고 용암에 흡수되어 충분한 열을 간직한 광물은 물과 쉽게 반응한다. 그래서 암편이나 광물의 가장자리는 흑색, 황색 또는 갈색의 변질된 반응연(산화대)이 형성되는데 이를 수중산화조직이라고 한다. 팔라고나이트조직(palagonite texture*)과 이 조직은 동의어이다.

## 유리쇄설성조직(vitroclastic texture)

화쇄류의 온도가 내려감에 따라 구성 입자가 독립해 있기도 하지만 흔히 뜨거운 유리질 입자는 접촉부에 달라붙게 된다. 주로 다공성 유리질 입자들이 단지 서로 접하여 있을 뿐 전혀 변형되지 않은 상태일 때 유리쇄설성조직이 된다. 다음에 소개하는 용결조직이 되기 직전의 상태이기 때문에 초생용결조직(incipient welded texture*)이라고도 하며, 이러한 조직을 보이는 화쇄류 암석을 실라(sillar)라고 한다.

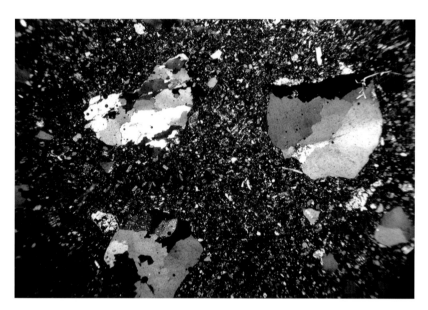

## 180  규암력과 이질분출물조직

주로 화산회로 구성된 응회암이다. 녹렴석, 견운모, 녹니석의 변질을 받았다. 직교니콜에서 전반적으로 어두운 것은 화산회의 입자가 유리질에 가까울 정도로 미세하기 때문이다. 미정질 암편은 규암, 유문암, 안산암 등이고, 광물편은 석영이 대부분이며, 소량의 미사장석, 사장석, 정장석 등이 관찰된다. 앞서 소개한 화성쇄설물 중에서 규암(3개의 큰 암편)은 변성암이므로 성인적 연관이 없는 이질 분출물이다.

경북 경주시 양북면 장항리
직교니콜, 34배

## 181  처트력과 이질분출물조직

몇 종의 암편과 광물편이 관찰되며 바탕은 등방성에 가까운 극미세 화산회로 구성되어 있다. 암편 중에서 사진 왼쪽의 퇴적기원 처트는 이 응회암을 형성시킨 마그마와 전혀 관련이 없는 이질 분출물이다.

경북 경주시 양북면 장항리
직교니콜, 34배

## 182 각력 안산암력과 동질분출물조직

화산회 또는 화산력 크기의 각력은 모두 안산
암이다. 각력과 각력 사이는 유동조직을 보이
는 미세한 안산암질 화산회와 유리질로 채워져
있다. 안산암질 마그마에서 형성된 동일한 성
분의 화성쇄설물로 이루어져 있으므로 동질분
출물조직이다. 단니콜에서 보아도 대부분 동
질의 암편이다.

경남 경산시 진량읍 현대리, 금박산
직교－단니콜, 34배

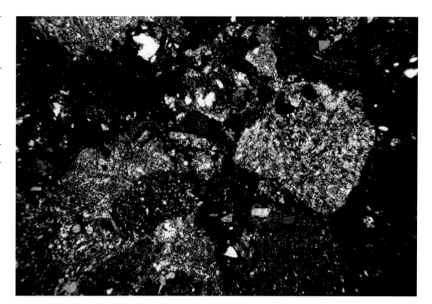

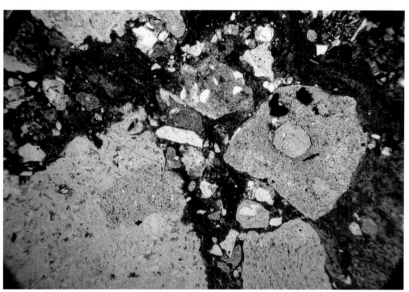

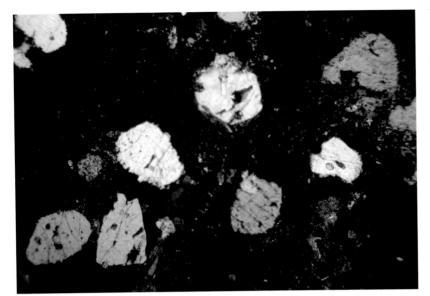

### 183 정장석 광물편과 동질분출물조직

관찰되는 입자의 성분은 모두 정장석이다. 이 입자들은 화산 분출 전에 마그마에서 정출된 것이므로 사진의 화성쇄설암은 동일 마그마에서 분출된 화성쇄설물로만 이루어진 동질 분출물이다. 단니콜에서 보면 정장석 외에 많은 양의 유리질 입자가 함유되어 있음을 알 수 있다. 이 유리질 입자는 분출 이후에 형성된 것이다.

경북 경주시 양북면 장항리
직교-단니콜, 68배

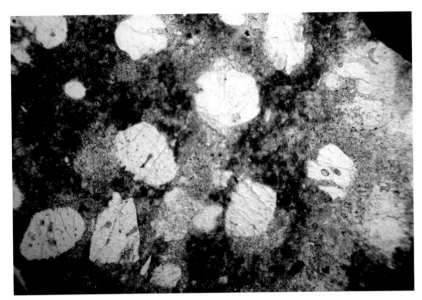

### 184 과성장 정장석과 이중분출물조직

안산암, 현무암, 조면암 등 다양한 암편과 사장석, 정장석 광물편을 함유한 응회질 화성쇄설암이다. 중앙의 입자 2개는 입자 중앙부의 사장석과 주변의 과성장된 정장석으로 구성되어 있어 일종의 안티라파키비조직을 보이고, 중앙의 사장석은 일부 용식되어 있다. 안티라파키비조직과 라파키비조직은 혼합 마그마에 의한 것이며(6장 혼합마그마구조 참고) 용식현상은 사장석의 정출온도보다 더 높은 온도의 마그마 영향임을 의미한다.

경북 울릉군 울릉읍 독도리, 저지
직교니콜, 34배

## 185 행인상구조와 이중분출물조직

이 사진에서는 모암보다 후기에 형성된 행인상 구조가 관찰된다. 행인은 또 다른 마그마에서 공급된 물질로 만들어진 것이므로 이중 분출의 산물이다. 이 구조는 외곽으로부터 내부로 은미정질 입자, 미정질 옥수, 그리고 중앙의 견운모로 구성되어 있다.

경북 울릉군 울릉읍 독도리, 저지
직교니콜, 34배

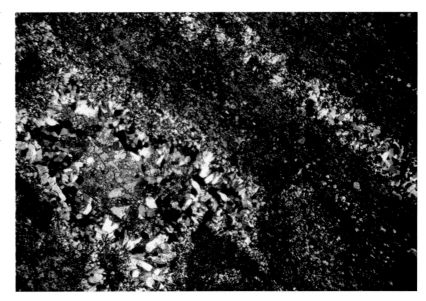

## 186 이중 분출에 의한 망상맥조직

입자의 크기가 은미정질 또는 유리질이어서 식별되는 광물은 없으나 화쇄류가 굳은 화산암인 것으로 판단된다. 직교니콜과 단니콜의 사진을 검토할 때 편광의 정도가 다른 두 종류의 성분으로 나뉜다. 즉, 직교니콜에서 어둡게 보이는 부분이 밝게 보이는 연층상 마이크롤라이트 입자들 사이에 망상맥을 이루었다. 이 조직은 연층상 입자군이 먼저 형성되고 망상맥의 정출이 뒤를 이었음을 의미한다. 실제로 직교니콜에서 소광상태의 광물군이 밝게 보이는 입자군을 용식, 절단 또는 포획한 양상이 관찰된다. 사진의 조직으로 보아 연층상 입자군을 이룬 마그마의 양이 상대적으로 더 많아 보이며 성분이 다른 두 마그마의 혼합 과정에서 일종의 불혼합현상으로 이와 같은 조직이 되었다.

사진 191의 부석은 이중 분출에 의하여 부분적으로 성분의 변화를 보인다.

경북 울릉군 울릉읍 독도리, 저지
직교-단니콜, 34배

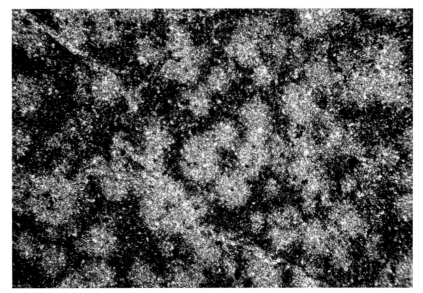

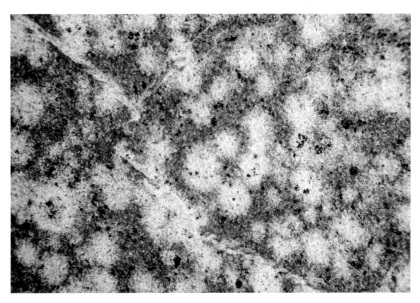

### 187 수생균열구조

현무암에서 관찰한 균열 구조의 야외 사진이다. 모자이크 형태로 갈라진 것은 수중으로 유입된 현무암 용암이 급속히 냉각된 결과로 보인다. 현재는 수생 화성쇄설암이다.

제주도 제주시 구좌읍 행원리 연두봉, 봉화대 해안

### 188 거북등 쪼개짐과 수생응회암조직

이 암석에서 관찰되는 유동조직, 석영과 장석 반정, 특히 장석 마이크롤라이트의 정출로 보아 이 암석은 유문암이다. 괴상 유문암은 점차 거북등과 같이 잘게 깨어진 암편으로 점이된다. 현미경의 다른 시야에서는 유문암이 수중으로 유입되는 유동구조와 직각으로 거북등 깨어짐이 발달되어 있음이 관찰된다. 암석이 깨어지기 전의 것은 사진 위쪽의 용암(유문암)이지만 아래쪽에 잘게 깨어진 후의 것은 화성쇄설암(응회암)이다. 소개한 사진은 두 가지 특징을 모두 보인다.

전남 고흥군 동강면 대포리
단니콜. 68배

## 189 광물 주위의 검은 띠와 수중산화 조직

몇 종의 암편이 함유되어 있고 유동구조 및 피아메가 관찰되는 것으로 보아 유동 화성쇄설암이다. 방해석에 의하여 2차적으로 변질되었다. 단니콜에서 볼 때 방해석으로 교대된 광물 주위와 처트와 같은 암편 주위가 물과 반응하여 검은 띠로 둘러싸여 있다. 팔라고나이트라 불리는 이 검은 산화대(화살표)는 방해석으로 교대된 후의 현상으로 보인다.

전남 고흥군 동강면 대포리
직교−단니콜, 34배

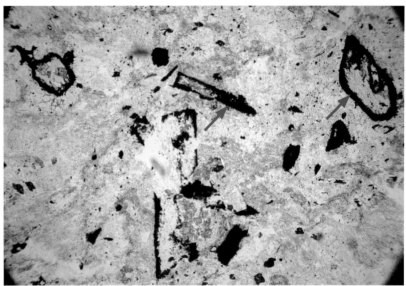

### 190 유리질 주위의 검은 띠와 수중산화조직

각종 암편과 광물편이 함유되고, 바탕은 유리질로 구성된 화성쇄설암이다. 부분적으로 녹렴석으로 교대되었다. 직교니콜과 단니콜 사진을 같이 검토할 때 직교니콜의 소광상태인 부분이 단니콜에서는 투명하여 유리질임을 알 수 있으며, 유리질 주변은 검은 띠로 둘러싸인 수중 산화대가 되었다. 사진 189의 팔라고나이트와 달리 사진 190에서는 유리질 입자에만 검은 띠가 있는 것이 주목된다.

전남 고흥군 동강면 대포리
직교−단니콜, 34배

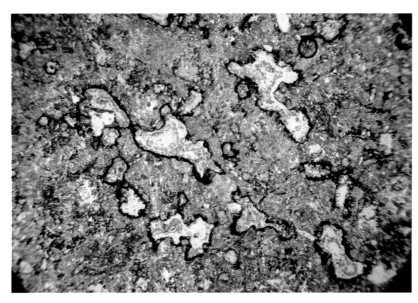

## 191 유리쇄설성조직 또는 초생용결 조직

직교니콜에서 약간 밝게 보이는 부분과 어두운 부분은 미세한 마이크롤라이트 입자와 소광상태를 보이는 무수히 많은 기공으로 되어 있다. 직교니콜에서 어두운 부분은 이중 분출에 의한 철의 산화물이 확산된 것으로 보인다. 단니콜에서 약간 누렇게 보이는 부분은 직교니콜에서 어둡게 보이는 부분의 일부이다. 이 암석은 유문암질 부석이며 쇄설성 유리질로 되어 있는 무수한 기공이 일정한 방향으로 압축되어 있다(유리쇄설성조직). 단, 아직은 피아메(용결조직 참조)를 형성할 만큼 완전히 압착되지 않아 기공이 살아 있으므로 용결조직이 되기 직전의 단계인 초생용결조직이다.

백두산, 천문봉 일대
직교-단니콜, 68배

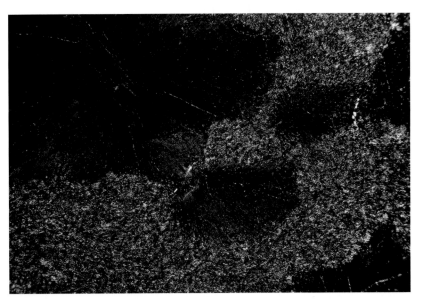

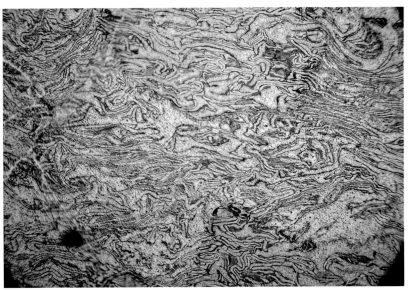

### 용결조직(welded texture)

유리질이 많은 화산회로 구성된 유동성 화쇄류에서 관찰되며 피아메(fiamme*)가 발달된 조직이다.

- **피아메조직**(fiamme texture) 피아메는 검은 유리질 렌즈 또는 단절된 띠의 형태로서 길이는 수 센티미터에 이른다. 일반적으로 피아메는 부석질 화산력이나 화산탄의 공극이 열과 압력으로 인해 유리질 파편(shard)으로 부서진다. 이 것이 압착되고 용결되어 유리로 재용융된 결과로 해석되며 주로 암체의 중하부에서 관찰된다. 충분한 잠열이 있는 경우에는 지속적인 유동으로 유문암의 유동구조와 구별하기 어렵게 된다.

아래에 소개하는 조직들은 명칭은 다르나 모두 변형된 피아메로서 용결조직에 속한다. 실제 야외에서는 모두 피아메로 간주한다. 유리질 파편은 화산이 폭발할 때나 퇴적 후의 압력으로 형성된 것으로 대부분 붕괴된 부석(불규칙한 모양)의 미세한 파편이다. 끝이 예리하고 가운데는 만곡된 아크 형태이다. 그림 16은 부석의 유리질 공극이 부서져 유리질 파편이 되는 과정을 설명한 것이다.

- **탈유리화조직**(devitrification texture) 유리질 파편이나 부석 같은 유리질 퇴적물이 퇴적된 후 압력과 온도로 인해 유리질이 결정질로 변하는 현상을 탈유리라 한다. 예를 들면 압착되어 치밀해진 용결 응회암에 함유된 화성쇄설성 부석암괴가 결정화되어 이방성 은미정질 백색 암괴로 되는 현상이다(사진 192). 탈유리 결정의 특징은 일반적으로 장

석과 기타 규산염 광물이 방사상-섬유상으로 공생하는 점과 피아메의 외곽에서 내부로 탈유리 작용이 진행되는 점이다(타원 구과상조직 참고). 탈유리화의 정도에 따라 다음와 같은 형태의 조직이 된다.

- **타원구과상조직**(axiolitic texture*) 화쇄류의 충분한 잠열에 의해 길쭉한 렌즈모양의 피아메가 양쪽 외곽부터 탈유리화되어 극히 미세한 침상 홍연석과 장석 결정으로 점차 둘러싸인다. 탈유리화가 진행되어 유리질 피아메가 결정질 피아메로 완전히 전환되면 탈유리화 작용은 종결된다. 그 결과 피아메의 장축에 직각 또는 방사상으로 양쪽에서 성장해 들어온 침상 결정이 서로 만나 일종의 격벽을 형성한다. 유문암의 구과상조직은 용융상태에서 한 점(결정핵소)을 중심으로 하여 외곽으로 성장하는 것에 반하여 타원구과상조직은 고체 상태의 길쭉한 피아메의 외곽에서 내부로 결정화(탈유리화)가 진행되는 점이 서로 다르다.

- **화성쇄설암구조조직**(pyroclastic lithophysa texture*) 타원 구과(결정질 피아메) 내에 공동이 있거나 공동이 옥수로 채워져 있을 때의 조직이다. 일반적으로 소규모의 피아메는 완전히 탈유리화되어 타원구과상조직이 되지만 규모가 커서 피아메 전체를 탈유리화 시키지 못할 때는 피아메의 내부에 유리질이 그대로 남아 화성쇄설암구조조직이 된다.

- **오텍시틱구조**(otecsitic structure*) 넓은 의미의 이 구조는 분출암에서 관찰되는 대상구조를 의미한다. 평행하게 배열된 대상구조는 띠에 따라 성분, 입자의 크기, 색이 다르며 야외에서 이 층들이 차별적 침식과 같은 풍화나 변질을

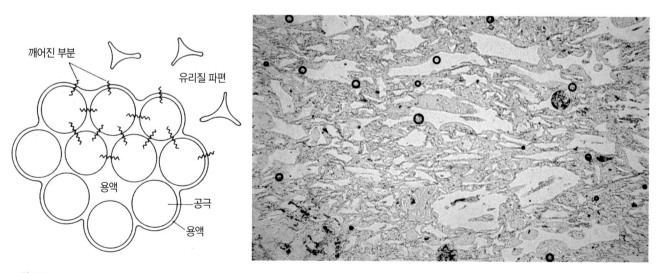

그림 16.
유리질 다공질암의 공극의 벽이 부서져 유리질 파편이 되는 그림(좌 : Ehlers, Blatt, 1980)과 유리질 파편의 현미경 사진(우 : 던니콜, 34배, 사진 193의 설명 참고).

받으면 더 두드러지게 나타난다. 그러나 이 구조는 일반적으로 용결 응회암에서 피아메 암편이 압착되어 길고 가는 띠가 규칙적인 대상을 이룰 때를 의미한다.

용결조직을 보이는 암석을 용결 응회암이라 하는데 이 암석은 용결 및 압착된 것이기 때문에 유리쇄설성조직에서 소개한 실라보다 치밀하고 단단하다.

이상 소개한 피아메의 변화 과정을 다공질 부석을 예로 들어 요약하면 다음과 같다. 부석의 기공이 압착되기 전 단계인 초생용결조직(사진 191)에서 잠열과 압착을 받아 모든 기공이 없어지면 용결조직의 첫 단계 피아메(사진 193)가 된다. 이 피아메는 계속 열과 압력을 받아 전체가 탈유리화된 타원구과상 조직(사진 192, 194)이 되거나 피아메의 중앙이 유리질로 잔존된 화성쇄설암구조직(사진 195~197)이 된다.

### 192 용결조직

야외 사진이며 다양한 색깔의 화성쇄설물과 용암류가 굳은 단단한 바탕이 관찰된다. 쇄설물 중에서 길쭉한 백색 암편은 압착된 유리질 부석이 탈유리화된 피아메이다. 풍화에 약해 움푹 파여 있다.

경북 포항시 남구 오천읍 장기면
권장우 박사 사진 제공

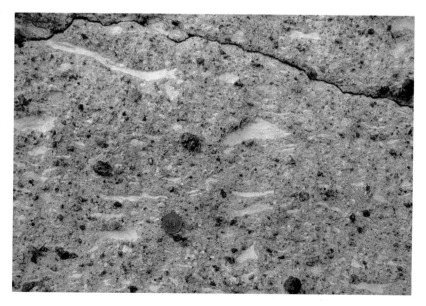

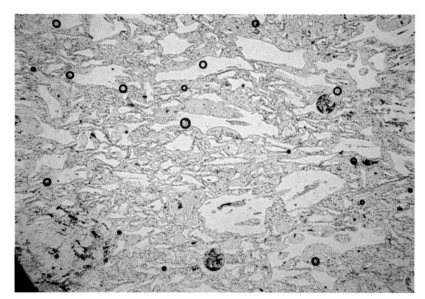

## 193 용결조직과 피아메-유리질 파편

이 암석은 소량의 광물 파편(석영, 정장석)과 암편(유문암, 규암) 외에는 대부분 극세립 화성쇄설물 바탕에 소광상태로 보이는 피아메로 구성되어 있다. 유동방향과 대략 평행한 피아메는 직교니콜에서 소광상태이지만 단니콜에서는 투명하여 유리질 파편임을 나타낸다. 이 부분은 압착에 의해서 공극이 모두 없어지고 등방성 유리질만으로 되어 있다. 유리질 피아메는 야외에서 빛의 내부 회절로 검고 어둡게 보인다. 이러한 피아메가 형성된 조직을 용결조직이라 한다. 직교니콜의 사진에서 중앙 하단의 두 피아메의 가운데에 가로로 견운모로 보이는 미세한 이방성 광물이 관찰되는데 이는 불완전한 압착에 의해 남아 있는 공극에서 후기에 정출한 것으로 보인다. 단니콜 사진에서는 부석의 기공이 파괴된 유리질 파편의 형태가 잘 관찰된다(그림 16 참고).

경기도 연천읍 동박리, 하천변
직교-단니콜, 34배

## 194 탈유리화와 타원구과상조직

이 암석은 피아메가 무척 많이 형성된 용결 응회암이다. 직교니콜에서의 유리질 피아메는 잠열에 의해서 점차 탈유리화가 진행되며 현재는 피아메의 많은 부분이 이방성 광물로 교대되어 백색의 밝은 광물로 보인다. 사진 193과 비교할 때 직교니콜에서 어둡게 보이던 피아메가 여기에서는 탈유리화에 의해 밝게 보인다. 단니콜에서 보면 탈유리화된 타원 구과가 잘 관찰되는데 이 구과들은 외곽에서 내부로 탈유리화가 진행된 것이다. 전체적으로 보아 일부 등방성 피아메로 남아 있는 것도 있지만, 대부분 탈유리화되어 이방성 타원구과상조직을 보인다.

경기도 연천읍 동박리, 하천변
직교−단니콜, 34배

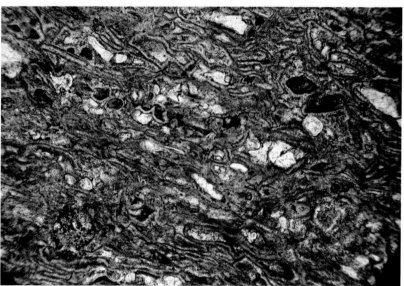

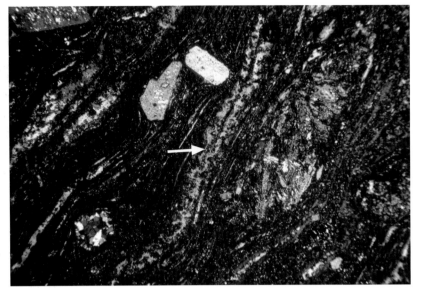

## 195-196 격벽이 형성된 타원구과 상조직

중앙의 I-Ⅲ상한에 걸쳐서 두 줄로 된 띠 모양의 결정들이 관찰된다(화살표, 사진 195). 이 결정들은 탈유리화로 정출된 것이다. 유리질(소광상태)이 두 띠 사이에서 격벽을 이루었다. 띠를 이룬 이방성 입자들의 장축은 격벽에 거의 수직을 이룬다. 등방성 격벽은 피아메의 양쪽에서 탈유리화되고 남은 잔류물이다. 아래 사진(사진 196)은 위의 사진에서 설명한 두 줄로 된 띠의 아래쪽 연장을 촬영한 것이다. 대체로 이방성 입자가 띠의 외곽에 산재되어 있다.

경기도 연천읍 동박리, 하천변
직교니콜, 34배

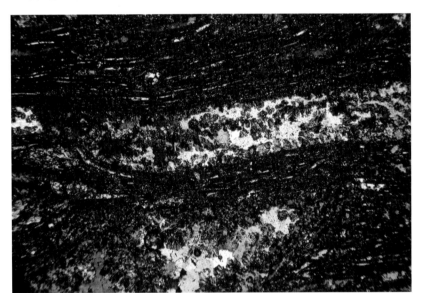

## 197 화성쇄설암구조직과 유리질 공동

직교니콜에서 소광상태인 부분은 단니콜에서 투명하므로 모두 유리질임을 알 수 있고, 단니콜에서 보이는 조직은 대부분 공극이 압착된 형태이므로 다공질 부석이 원암임을 나타낸다. 직교니콜에서 띠 모양의 광학적 이방성 광물(화살표)은 유리질 피아메가 탈유리화되어 규장질 광물이 된 것이다. 이 조직의 탈유리화 특징은 피아메의 외곽에서 내부로 탈유리화가 진행되기 때문에 두터운 피아메의 중심은 유리질이 남아 격벽이 형성된다는 점이다. 직교니콜에서 이 격벽은 피아메의 가운데에 가로로 된 소광상태의 띠로 보인다(△표). 이와 같이 피아메의 중심이 탈유리화가 안 되고 유리질로 남아 있는 것이 화성쇄설암구조직이다. 이 유리질은 단니콜에서 피아메의 중심에 가로로 약간 검게 보인다.

경기도 연천읍 동박리, 하천변
직교-단니콜, 68배

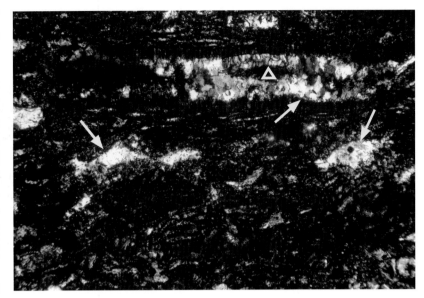

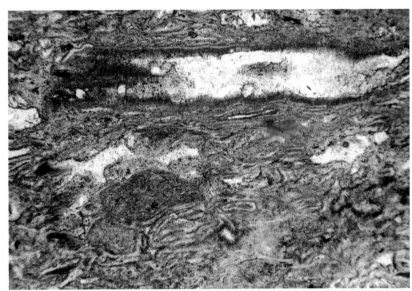

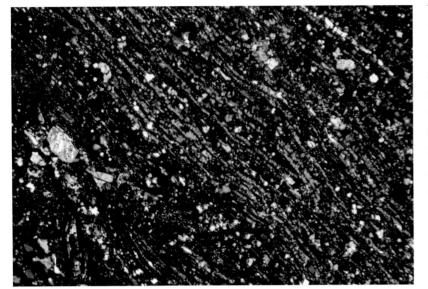

## 198 오텍시틱구조와 평행한 피아메

직교니콜에서 소광상태인 부분이 피아메에 해당된다. 밝은 부분(가는 띠 모양)은 구성 광물이 장축 방향에 직각으로 되어 있어 탈유리화에 의해 형성된 것으로 보인다. 단니콜에서 볼 때 피아메와 탈유리화 광물들은 대체로 나란하고 규칙적인 분포를 보인다.

경기도 연천읍 동박리, 하천변
직교-단니콜, 34배

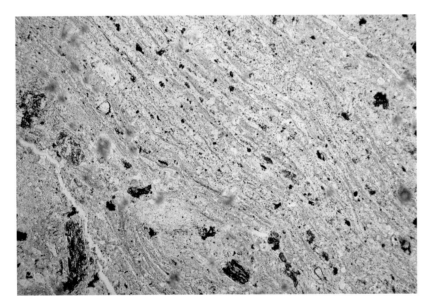

화성암의 석리

# 6장 야외 구조

야외의 큰 노출면에서 관찰되는 화성기원 구조를 소개하고 각 구조에서 현미경 관찰이 필요한 부분은 현미경 사진을 첨부하였다.

## 관입구조와 관입의 증거

관입이란 지각 내에서 화성암체가 기존의 암석에 정치되는 현상이다. 관입한 암석을 관입암, 관입받은 암석을 모암이라 한다. 두 암체의 경계는 관입암의 종류와 관입 깊이에 따라 명료하거나 점이적이며 때로는 변질대나 냉각대가 형성되고 모암과는 조화적 또는 비조화적 접촉을 보인다. 암맥의 관입과 같이 빈 공간에, 분출암상의 관입과 같이 층리면에, 그리고 대규모의 심성암체와 같이 기존 암체를 동화시켜 관입 및 정치되기도 한다. 관입의 증거는 포획암, 냉각대, 사교접촉, 변질 현상(점이대 포함) 등이 있다.

### 관입구조

- **심성암의 관입구조**(plutonic intrusive structure) 대규모 심성암체의 관입양상은 관입 깊이에 따라 다르다. 일반적으로 지하 6.5km, 온도 300℃ 이내의 지각 상부대 관입암에는 포획암이나 냉각대가 형성되고, 모암과의 경계는 비조화적이고 불규칙하며 일반적으로 명료하다. 지각 중간대(깊이 6.5~14km, 온도 300~500℃)의 특징은 관입암체의 경계부에 유동구조가 형성되고 비조화적 경계는 약간 조화적으로 변하며 불규칙한 경계는 완화된다는 점이다.

포획암이나 냉각대는 형성되지 않는다. 지각 심부대(깊이 14km 이상, 온도 500~700℃) 관입암의 경계는 부분용융의 상태에서 마그마가 이동하지 않는 한 모암과 조화적이고 점이적이다. 또한 암체의 경계와 평행한 편마구조와 혼성암이 형성된다.

- **암맥과 맥 구조**(dyke and vein structure) 산출상태를 기준으로 하면 암맥 또는 맥, 구성암이나 구성광물을 기준으로 하면 맥암, 맥 석영 또는 맥 방해석이라고 표현한다. 암맥과 맥의 특징은 기존 암체의 틈을 따라 관입한 점, 판상암체인 점, 모암의 구조선을 차단하는 점이며, 양자의 차이는 전자는 암석으로, 후자는 단일 광물로 이루어진 점이다. 일반적으로 모암과의 경계는 명료하며 두터운 맥암은 경계에 냉각대나 유동구조가 형성된다.

  맥암은 고철질 광물의 함량을 기준으로 초우백-우백질이면 규장질 맥암, 중색질이면 중성 맥암, 우흑-초우흑질이면 고철질 맥암으로 분류하는데 규장질과 고철질 맥암만으로 분류하기도 한다.

- **미세맥조직**(microvein texture) 현미경으로 관찰되는 미세한 맥상조직으로 입자의 경계, 입자 내 미세 균열, 미세단층 등에 따라 관입한 양상을 보인다. 세맥을 이룬 입자는 유리질, 미정질, 현정질 광물 등이며 성분은 일정하지 않다. 세맥은 관입 시 모체를 교대하기도 하고 단순히 틈새를 충전하기도 하기 때문에 교대의 양상에 따라 또는 기존 공동의 형태에 따라 세맥의 모양이 결정된다. 따라서 언제나 맥상은 아니다.

## 199 심성암의 관입

오른쪽의 회장암(사장석만 보임)에 왼쪽의 섬장
암이 관입함에 따라 사장석이 변질되었다. 이
러한 변질을 수반한 관입양상은 대체로 심부대
에서 가능하다. 변질대(약 1.23mm의 폭)는 오
른쪽 사장석의 쌍정면을 가로질러서 관입의 증
거도 된다. 단니콜에서는 두 암석의 경계가 점
이적임을 보여 주는데 이러한 접촉 역시 심부
관입양상임을 말한다. 접촉된 두 암석은 모두
입자가 큰 규장질암이기 때문에 변질이 더 효
과적일 수 있다.

경남 산청군 산청읍 옥산리
직교−단니콜, 34배

## 200 심성암의 관입

오른쪽의 사질 천매암을 왼쪽의 세립 보통각
섬석 화강암이 관입하였다. 비교적 선명한 접
촉을 보이나 관입 위치가 냉각대를 형성할 만
큼 지표에 근접된 곳은 아니다. 단니콜에서는
두 암석의 접촉 경계에 따라 사질 천매암 쪽
에 보통각섬석이 농집된 띠가 관찰된다(화살
표). 이러한 현상은 일종의 마그마의 동화에 의
한 것으로, 관입한 화강암질 마그마는 천매암
중에서 규장질 광물(석영과 장석)은 동화시키
고 정출온도가 높은 보통각섬석은 그대로 잔
류시키기 때문에 경계에 따라 보통각섬석이
농집된 것이다. 동화작용이 진행되면 될수록
보통각섬석의 띠는 점점 더 두터워질 것이다.

대전광역시 대덕구 효평동
직교-단니콜, 34배

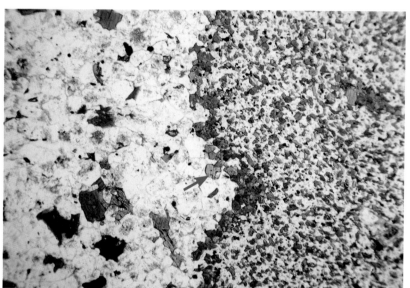

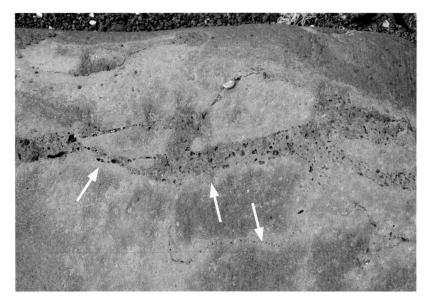

## 201 암맥의 관입(화산암)

용암류가 용암을 관입한 현상의 야외 사진이다. 치밀한 현무암의 깨어진 틈에 따라 다공질 현무암이 관입·충전하였다. 사진의 위쪽에 있는 조개의 크기로 보아 맥의 폭은 2.5cm 이하이다. 맥의 관입에 의해 변색된 열변질 현상이 모암 쪽에서 관찰된다(화살표).

제주도 제주시, 용두암 서측
조개의 크기 1cm

## 202 암맥의 관입(반심성암)

오른쪽의 회장암을 왼쪽의 섬록반암이 관입하였다. 모두 선캠브리아기의 암석으로 섬록반암은 고기 맥암에 해당된다. 회장암은 부분적으로 파쇄작용을 받았고, 보통각섬석은 대부분 투각섬석으로 교대되었다. 반암은 견운모화가 심하다. 두 암석의 경계는 뚜렷하지 않고 회장암의 깨어진 틈으로 암맥이 주입된 양상도 관찰된다(단니콜에서 화살표).

경북 산청군 생초면 어서리, 도로변
직교−단니콜, 34배

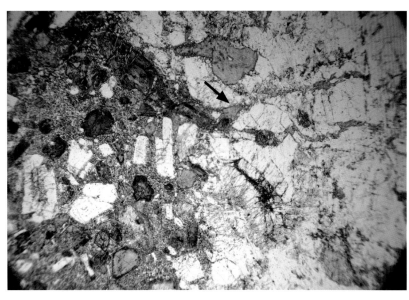

## 203 맥의 관입

오른쪽의 흑운모 편암을 왼쪽의 석영 맥이 관입하였다. 비교적 명료하고 직선에 가까운 경계를 보인다. 맥의 석영은 접촉부에 근접할수록 입자가 작아져 냉각대를 형성하였으며 편암의 편리에 따라 맥 석영이 침투되어 있음이 단니콜에서 관찰된다. 현미경 시야의 다른 부분에서는 편암의 구성 광물인 흑운모가 다수 석영 맥에 포획되어 있음도 확인된다. 석영 입자는 다각경계조직을 보이는 것도 있다.

대전광역시 유성구 원촌동
직교−단니콜, 34배

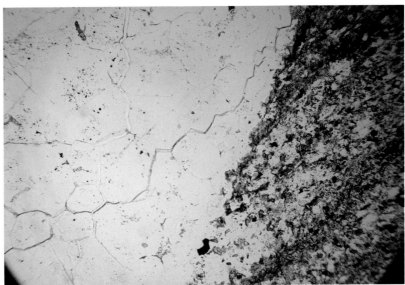

## 204 공동(절리)을 충전한 미세맥

보통각섬석의 쪼개진 틈(공동)에 따라 관입한 방해석 맥이다. 폭 0.17mm 이하의 이 맥이 공동에 관입한 증거는 맥의 양쪽 벽을 합쳤을 때 일치하는 점, 맥과 모광물 사이에 전혀 반응(변질)의 흔적이 없는 점, 그리고 높은 배율로 관찰할 때 모광물의 양 벽에 직각으로 방해석이 정출된 점 등이다.

전북 장수군 장수읍 식천리
직교니콜, 34배

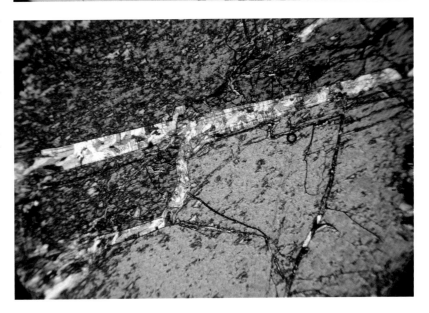

## 205-206 강한 주입과 뜯어냄에 의한 미세맥

갈렴석 내에 석영 맥이 관입하였다. 석영 맥의 형태는 대단히 불규칙해서 관입 이전에 이와 같은 공간이 주어진 것으로는 볼 수 없다. 위 사진(사진 205)의 Ⅲ상한에 있는 석영 맥에는 갈렴석 미세 포획물이 있고(화살표), 이 사진의 Ⅰ상한 쪽의 연장을 촬영한 아래 사진(사진 206)에는 많은 갈렴석이 석영 맥에 포획되어 있다. 이러한 현상은 석영이 관입할 때 뜯어내는 작용(stoping*)이 수반되었음을 의미한다. 중간의 판상 석영 맥의 폭이 일정하지 않은 것은 강한 힘으로 주입된 결과이다. 석영 맥과 접한 갈렴석이 전혀 변질되지 않은 것은 앞에서 설명한 기계적인 관입의 증거가 된다.

경남 하동군 옥종면 두양리 제동
직교니콜, 34배

## 관입의 증거

- **포획암구조**(xenolith structure) 심성암, 반심성암, 용암 내에 포획된 암편을 포획암이라 하고 포획암이 있는 구조를 포획암구조라 한다. 포획암의 가장자리는 명료하거나 마그마에 의해 교대되어 점이적이다. 흔히 관입암체의 상부에 잔류된 쐐기형 현수체는 포획암과 성인이 다르다. 현수체는 형성될 때의 위치 그대로여서 여기에 남아 있는 각종 구조선의 방향은 모암의 그것과 일치하므로 포획암과 구별된다.

  이 구조는 포획암의 출처에 따라 아래와 같이 세분된다.
  - **동원포획암구조**(cognate xenolith structure) 먼저 고화된 용암 또는 관입암체의 일부가 깨어져 동일한 마그마에 포획된 구조이다. autolith xenolith는 동원 포획암과 동의어이다.
  - **비동원포획암구조**(noncognate xenolith structure) 포획암의 출처가 관입받은 주변의 암석(모암)으로 되어 있는 구조이다. 이 구조는 이질포획암구조 또는 그냥 포획암구조라고 표현한다.
  - **미세포획물조직**(microxenolith texture) 대부분 현미경으로 관찰되는 포획구조이다. 포획물이 단일 결정일 때 포획결정이라 하는데 이 조직의 포획물은 주로 포획결정이다. 미세한 맥의 관입에 의한 주변 광물의 포획, 마그마의 동화에 의한 원암 구성 광물의 포획, 후마그마기의 열수용액에 의해 전마그마기에서 정출된 광물의 포획 등에서 미세포획물조직이 관찰된다.

포획암은 대부분 지각의 상부대에서 형성되지만 다이아몬드를 함유한 킴벌라이트나 감람암을 함유한 현무암은 지하 심부에서 올라온 것이다. 이러한 암체에 수반된 포획물은 마그마가 상승하는 동안 여러 깊이에서 포획된 것이므로 맨틀이나 지각의 연구에 중요하다(그림 17).

- **사교접촉구조** 서로 다른 두 암체가 사교로 접하는 구조는 단층, 부정합, 관입에서 찾을 수 있다. 따라서 사교로 접한 두 암체가 관입에 의한 것임을 확인하기 위해서는 사교접촉 이외에 관입의 증거가 있거나 단층이나 부정합 현상을 부정하는 증거가 있어야 된다. 여기에서 말하는 사교구조는 변성암의 각종 엽리, 퇴적암의 층리, 화성암의 선구조 등을 관입암이 사교로 차단함을 의미한다.
- **변질조직**(alteration texture) 변질은 화성암에서, 변성은 변성암에서 쓰는 용어이다. 변질의 강도가 점차 높아짐에 따라 변성으로 점이된다. 일반적으로 화성암의 변질된 부분과 변질이 미치지 않은 접촉부는 점이적인 특징이 있다. 화성암의 변질은 후마그마(기성기, 열수기)나 전혀 새로운 마그마의 관입에 의한 것으로 화학적인 광물의 변화나 물리적인 조직의 변화를 유발한다.

그림 17.
현무암에 포획된 맨틀 기원의 감람암(동전 왼쪽, 화살표)이다.

충북 보은군 회남면 조곡리

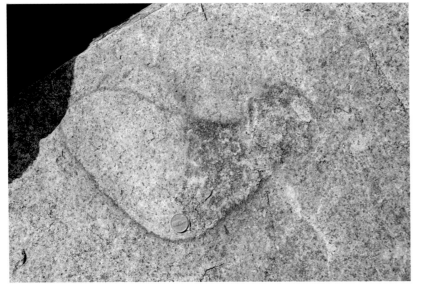

## 207  우백 화강암 성분의 동원 포획암

야외 사진이다. 오버이드 형태의 포획물(동전 위치)은 세립 흑운모 화강암인데 이를 포획한 관입암 즉, 모암의 성분과 동일하다. 둘 사이는 풍화되어 철의 산화물로 경계를 이룬다. 경계의 모암 쪽에 냉각대가 형성되어 있고 포획물 내로 모암 쪽으로부터 세맥이 침투(화강암화)된 것으로 보아 포획물은 이미 굳은 관입암의 벽을 구성했던 암석이 용융상태의 마그마에 흡수된 것으로 보인다.

경남 거창읍 상림리, 진계정 부근

## 208  안산암에 포획된 동원 포획암

직교니콜의 중앙에는 안산암에 함유된 안산암편이 있다. 이 암편은 안데신 성분의 사장석 반정에 미정질, 은미정질, 유리질 석기로 구성되어 있어 이를 포획한 모암의 조직 및 성분과 거의 차이가 없다. 단니콜에서 뚜렷이 보이는 안산암편은 직교니콜에서의 주위 안산암과 구별이 안 된다. 실제 안산암편에 함유된 사장석 성분 역시 모암의 사장석과 동일한 안데신이다. 포획된 안산암편은 동원 포획암으로 모암의 석기와 점이적이며 동화작용을 많이 받았는데 이는 동일하거나 유사한 성분일 때 나타나는 현상이다.

경남 경산시 진량읍 현대리, 금박산
직교-단니콜, 34배

### 209 우백 화강암에 포획된 비동원 포획암

야외 사진이며 아래쪽 우흑질 변성 반려암에 위쪽 우백 화강암이 관입한 접촉부이다. 변성 반려암이 화강암 내에 많이 포획되어 있으며 양자는 성분이 달라 변성 반려암은 비동원 포획암이다. 아래쪽 변성 반려암은 부분적으로 화강암화 작용을 받아 얼룩이 보인다.

경남 거창읍 상림리, 진계정 부근

### 210 암맥에 포획된 비동원 미세 포획물

우백 화강편마암을 왼쪽의 반려반암이 관입하였다. 그 결과 접촉부에 따라 반려반암 쪽에 냉각대가 형성되고, 화강편마암에 반려반암 미세맥이 이루어졌으며(단니콜에서 화살표 방향), 암맥에 다수의 포획 결정이 관찰된다. 포획물은 모두 견운모와 일부 녹니석으로 변질된 모암의 장석류이다. 단니콜에서 관입현상의 윤곽이 잘 관찰된다. 특히 냉각대에 있는 입자는 깨어져서 날카로운 형태를 보이고 입자의 크기도 최대 0.6mm에 가까운 반면 반려반암의 반정은 자형에 최대 0.25mm이고 유동구조를 보여 유사한 성분의 반정과 포획결정이 구별된다.

경남 산청군 홍계리 동촌, 골짜기
직교-단니콜, 34배

## 211 규암편을 함유한 비동원 포획암

정장석과 새니딘을 반정으로, 마이크롤라이트와 유리질을 석기로 한 조면암으로서 유동구조가 관찰된다. 이러한 용암에 포획된 규암력은 비동원 포획암이다. 포획암과 모암과의 경계는 명료하다. 앞의 사진 208에서 보인 동원 포획암이 석기에 의해 동화작용을 심하게 받은 것과 비동원 포획암이 받은 동화작용은 아주 대조적이다.

충남 태안군 남면 황도리
직교니콜, 34배

## 212 미세맥에 포획된 비동원 미세 포획물(포획 결정)

휘석암 내에 생긴 평균 1.47mm의 깨어진 공간으로 방해석, 옥수 등이 관입·정출되었다. 모암의 벽에서 내부로 성장한 빗살구조의 옥수가 관찰되는 것으로 보아 처음부터 공간이 있었음을 알 수 있다. 이 공간에 맥 광물이 관입하면서 포획한 모광물의 포획결정(휘석)이 미세맥에 포함되었다. 단니콜 사진에서 모암과 동일한 성분의 포획결정이 잘 보이는데 이는 비동원 포획물이다.

경기도 양평군 양평읍 회현리
직교–단니콜, 34배

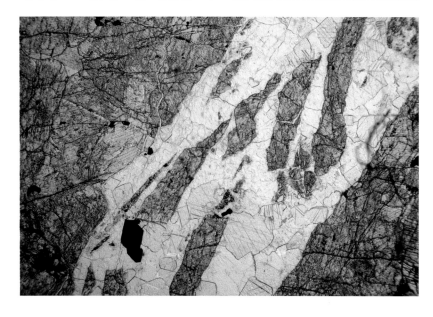

## 213 정장석의 관입과 비동원 미세 포획물

사진의 중간 아래 암회색 정장석의 관입을 받은 모암은 화강섬록암이다. 정장석의 관입으로 사장석(중앙의 밝은 백색), 자형의 설석(오른쪽 아래, 갈색), 녹니석으로 변질된 흑운모(중앙 위쪽의 정장석 세맥 입구)가 미세 포획물이 되었다.

대전광역시 대덕구 송강동
직교니콜, 34배

## 214 사장석에 포획된 비동원 미세 포획물

이 암석은 섬록암질 거정암이다. 왼쪽의 흑운모보다 후에 정출한 오른쪽의 사장석이 흑운모의 일부를 포획하여 미세 포획물로 함유한 것이 관찰된다. 흑운모의 포획은 쪼개짐에 따라 이루어졌으며 직각 방향에서는 찾아볼 수 없다.

대전광역시 중구 침산동, 침산지역
단니콜, 68배

## 215 석영에 포획된 비동원 미세 포획물

회장암 분화의 최종 단계인 회장암질 거정암에 주상으로 쪼개진 갈렴석과 석영이 정출되었다. 갈렴석보다 후기에 정출된 석영은 갈렴석을 포획 결정으로 함유한다.

경남 하동군 옥종면 두양리 제동
직교니콜, 34배

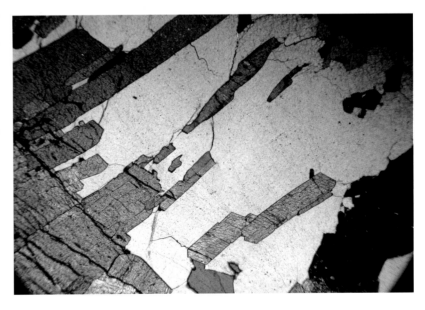

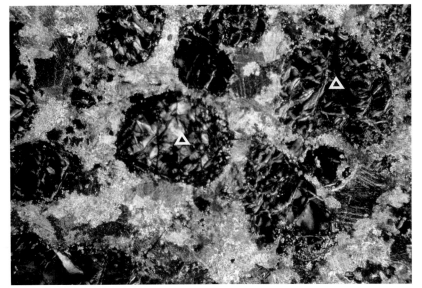

## 216 방해석에 포획된 비동원 미세 포
획물

먼저 정출한 사문석(△표)을 후에 정출한 방해
석이 포획하여 미세 포획물로 함유하였다. 단
니콜에서 볼 때 이 조직은 얼핏 포유조직(사문
석 포유물)처럼 보이나 방해석이 사문석을 심
하게 용식하여 사문석 입자의 외곽은 톱날같
이 되었고, 방해석 미세맥이 사문석 입자에 침
투된 것도 관찰되었으므로 사문석은 미세 포
획물이다.

울산광역시, 울산철광 부근
직교—단니콜, 68배

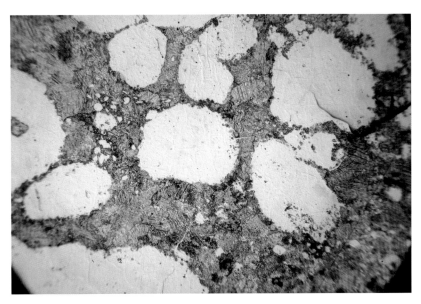

## 217 관입과 사교접촉구조

오른쪽의 사질 천매암에 왼쪽의 석영 맥이 관입한 결과 천매암의 대각선 엽리를 석영 맥이 차단했음을 볼 수 있고, 맥 석영의 입자가 접촉부에서 세립화된 현상도 관찰된다. 단니콜에서 맥 석영이 천매암의 엽리에 따라 더 깊이 관입한 것도 관찰되는데 이는 사교접촉 외의 관입의 증거가 되므로 사교접촉은 관입에 의한 것이다.

대전광역시 유성구 원촌동
직교–단니콜, 34배

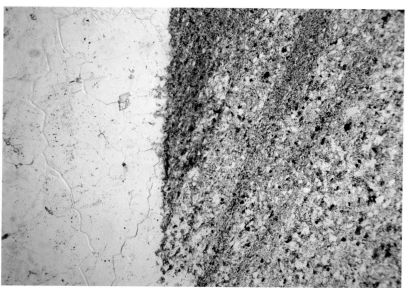

## 218 관입과 변질현상

사진 위쪽의 조립질 사장석은 회장암의 일부이다. 이 회장암에 석영-방해석 맥이 관입하여 사장석을 변질시켰다. 변질대(빨간 원)의 폭은 1mm 미만이고 변질광물은 대부분 녹니석이며 그 외 소량의 흑운모와 규회석이 함유되어 있다. 변질은 쌍정면에 따라 더 침투되어 있고 변질대가 사장석의 쌍정면을 차단하였다. 이 사진에서 관입의 증거는 변질 현상과 사교접촉 두 가지이다. 앞서 나온 사진 201은 육안으로 관찰한 암맥의 관입에 의한 열 변질현상이다(화살표). 이 밖에도 열 변질현상은 앞의 사진 199, 200에도 소개하였다.

경북 함양군 유림면 화촌리 뒷골재
직교-단니콜, 34배

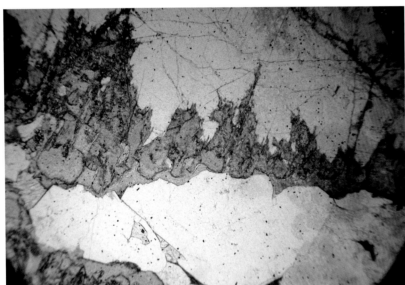

- 냉각대구조(chilled zone structure)  냉각대는 기본적으로 마그마가 냉각된 암체와 접할 때 급속히 냉각되어 굳은 유리질 또는 세립질 암석대로서 관입암체나 유동암체(화산암)와 같이 후에 냉각된 암체 쪽에 형성된다. 예를 들면 아래와 같다.

  (1) 지각 상부대에 관입한 심성암 또는 반심성암의 관입암 쪽 접촉부, 관입암상은 상·하부 접촉대
  (2) 용암의 하부 접촉대 및 상부 노출면
  (3) 각력질 화산암(예 각력 안산암, 화성쇄설암)에서 냉각된 각력에 접한 용암류
  (4) 포획암의 모암 쪽 접촉부
  (5) 급속한 냉각으로 형성된 수지상 조직

(1)과 (4)의 경우는 6장의 포획암 구조에서도 각각 냉각대구조로 소개하였다.

### 219 냉각대구조

야외 사진이며 우흑질 변성반려암을 관입한 우백 화강암의 접촉부에 폭 5mm 이내의 냉각대가 형성되어 있다(동전 위치). 또한 우백 화강암 내에는 변성 반려암 성분의 포획암이 있고 포획암 주위에서는 반응연이 관찰된다(화살표).

경남 거창읍 상림리, 진계정 부근

## 220 냉각대 구조(2)

이 표품 사진은 하위의 편암(암회색 암석)을 피복한 유문암을 나타낸 것으로 그 사이의 접촉부에 폭 3mm 내외의 백색 초세립 냉각대를 볼 수 있다(빨간 원). 원 안의 현미경 관찰은 사진 220.1에서 소개한다. 유문암은 접촉부에서 멀어질수록(화살표 방향) 반상조직이 뚜렷해진다.

전남 고흥군 동강면 매곡리
눈금자 2cm

## 220.1 빨간 원 내 접촉부

사진 중앙의 접촉 경계에 가까울수록 위쪽의 유문암은 점차 소광상태가 되어 유리질 냉각대임을 알 수 있다. 두 암석의 경계에서 작은 편암편이 유문암에 포획되고 방해석, 녹렴석 세맥이 경계에 따라 관입되어 있어 육안과는 달리 현미경으로 본 경계는 명료한 편이 아니다. 단니콜에서 편암 쪽 접촉부에 유색광물이 밀집되어 있는 것으로 보아 유문암 용암류는 상당한 열을 함유하여 하부의 편암에 변질을 주었음을 알 수 있다. 사진 위쪽의 유문암은 정상적인 조직을 보인다.

산지 불명
직교-단니콜, 34배

## 221 냉각대구조(호온펠스와 화강암)

오른쪽의 흑운모 호온펠스를 왼쪽의 우백 세립 화강암이 관입하였다. 그 결과 관입암 쪽 입자가 접촉부에서 미세해진 냉각대를 형성하였다(백색 화살표). 냉각대의 폭은 대략 1/4mm이다. 단니콜에는 접촉부에 따라 화강암 쪽에 좁은 냉각대 띠(흑색 화살표)가 형성되어 있고 호온펠스 쪽에는 흑운모가 밀집된 것이 관찰된다.

대구광역시 달성군 가창면, 달성광산 부근
직교-단니콜, 34배

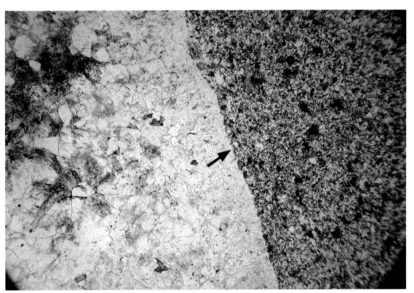

## 222 냉각대 구조(용결응회암-유문암)

하위의 용결응회암을 상위의 유문암이 피복하였으며 그 사이는 1/4~1/2mm의 유리질 냉각대가 형성되어 소광상태를 보인다. 냉각대 내에는 응회암편으로 보이는 미세 포획물이 있다 (적색 원). 용결응회암에는 유동구조가 발달되어 있고 그 방향에 따라 렌즈상 피아메가 소광상태를 보인다. 용결응회암의 유동 방향과 거의 나란하게 유문암질 용암류가 유동하였다. 아래 사진 단니콜에서는 직교니콜에서 소광상태의 피아메가 모두 투명하게 보여 유리질임을 알 수 있으며 용결응회암임을 말하고 있다.

전남 고흥군 동강면 대포리
직교-단니콜, 34배

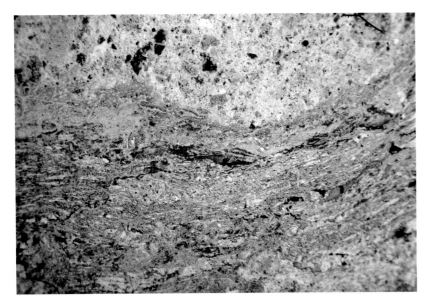

## 223 냉각대 구조(섬장암-안산암)

주로 정장석으로 구성된 섬장암(사진 아래)에
안산암이 피복하였다. 두 암석의 경계에는 폭
1mm 미만의 유리질 냉각대가 안산암 쪽에 형
성되었고(소광상태로 보임) 냉각대에는 섬장암
을 구성하였던 정장석 미세 포획물이 다수 함
유되어 있다. 안산암의 반정은 대부분 반자형
또는 자형을 이루기 때문에 냉각대에 있는 각진
미세 포획물과 쉽게 구별할 수 있다. 특히 단니
콜로 볼 때 사진의 맨 윗부분에 있는 안산암의
사장석 반정이 접촉 경계와 나란하게 배열되어
있어 접촉부 부근의 불규칙한 섬장암 미세 포획
물과 달리 분출암의 유동구조를 잘 보여 준다.

산지 불명
직교-단니콜, 34배

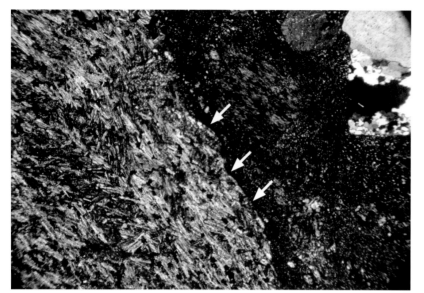

## 224  냉각대구조(조면암력-화성쇄설암)

안산암, 조면암, 규암 등의 화성쇄설물을 함
유한 화산력 응회암이다. 사진의 왼쪽 쇄설물
은 조면암력인데, 이 암편의 오른쪽 경계에 따
라 약 1/8mm 폭의 소광상태를 보이는 좁은 띠
가 형성되어 있다(화살표). 이 띠는 단니콜에서
매우 투명하게 보이는 유리질이며 냉각대이다.
화산력의 주위에 냉각대가 형성되려면 화산력
이 함유될 때 바탕은 액체상태이어야 하기 때문
에 이 암석의 기원이 유동 화성쇄설암인 화쇄류
임을 알 수 있다.

전남 여천군 화양면 옥저리
직교-단니콜, 34배

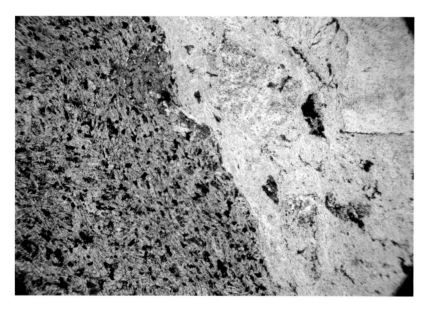

## 225 냉각대 구조(유문암력-화성쇄설암)

사진 224의 왼쪽 조면암력이 이 사진에서는 왼쪽의 유문암력으로 바뀐 차이만 있다. 유문암력 오른쪽 경계에 좁고 길다란 소광상태의 띠(화살표)가 관찰되며 이 띠는 단니콜에서 밝은 띠로 바뀐다. 이로 보아 이 띠는 유리질 냉각대로 판단된다. 유문암력을 구성한 입자는 규장질 마이크롤라이트로 보인다.

전남 여천군 화양면 옥저리
직교-단니콜, 34배

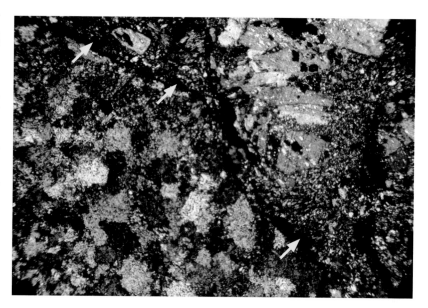

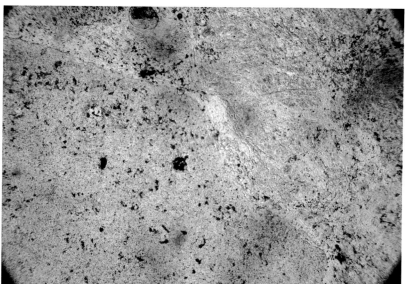

## 226 포획암 주변의 냉각대

야외 사진이며 세립 섬록암 내에 흑운모 편암 성분의 포획암이 있다. 이 포획암 주변은 연한 갈색에 약 0.32cm 폭의 냉각대(화살표)가 관찰된다. 아래쪽 흰색 포획물의 성분은 규암이다.

경기도 청평면 행현리, 삼거리 부근
규암의 크기 3.5cm

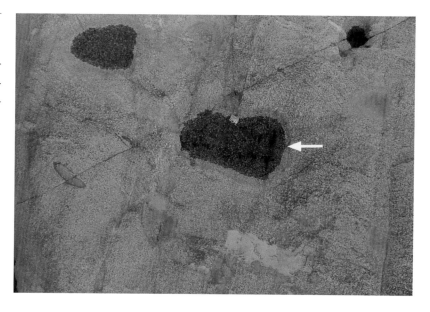

## 227 포획결정 주변의 냉각대

이 사진은 미세포획물조직(사진 216)을 확대한 것이다. 사진에서 볼 때 포획한 광물(방해석)과 포획결정(사문석)의 경계는 심한 요철을 보이며, 특히 단니콜에서 방해석은 사문석과의 경계에서 입자의 크기가 현격히 작아져 세립의 냉각대를 보인다(화살표). 고체상태의 사문석이 포획될 때 이를 포획한 방해석은 액체상태임을 알 수 있다.

울산광역시, 울산철광 부근
직교-단니콜, 68배

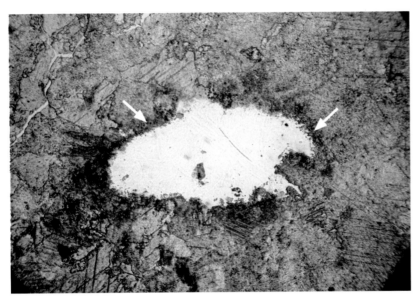

## 228 냉각대구조(수지상조직)

사진은 표성기원으로 생성된 고산이다. 이 붉은색 불투명 산화물의 성분은 침철석과 레피도크로사이트로서 황철석이나 자류철석과 같은 철을 함유한 심성기원 유화광물이 풍화된 것이다. 이 철의 산화물은 좁은 공간에서 급속히 확산되어 수지상 냉각대가 되었다. 직교니콜에서는 풍화에 강한 규장질 광물이 몇 곳에서 관찰되며, 단니콜에서는 산화철에 의한 수지상조직의 윤곽이 잘 보인다.

경남 고성군 상리면, 고성동광산
직교–단니콜, 34배

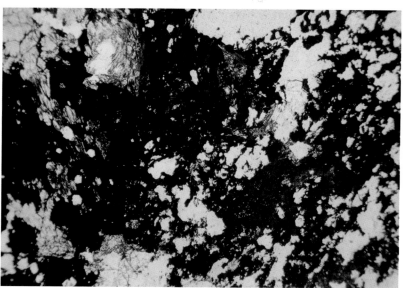

## 화성각력구조(igneous, magmatic breccia structure)

화성암체 내에 있는 다양한 크기 및 다양한 형태의 암편, 용암의 표면과 바닥에 있는 깨어진 조각들, 그리고 현미경에서 관찰되는 파쇄된 암편이나 광물편들은 모두 화성기원각력구조이다.

　마그마는 약 65% 이상이 정출된 후 깨어짐이 이루어진다. 먼저 고화된 마그마의 천정이나 모암과의 접촉부는 조구조적 인장단열, 마그마의 대류, 그리고 단순히 중력에 의해서 깨어진다. 그 결과 심성암체에 모자이크형 각력과 각종 포유물(포획암, 동원포획암)이 각력구조를 형성한다.

### 원쇄설성조직(protoclastic texture)

마그마에서 조기 정출된 결정은 마그마가 완전히 고결되기 전에 유동에 의하여 깨지고 변형된다. 이 조직은 특히 심성암체가 관입하는 동안 암체의 변두리에 형성된 전단대에서 관찰된다. 파쇄된 입자는 점차 모서리가 깨어지고 닳아 달걀 모양으로 변한다.

　경남 하동 지역에 대상으로 관입한 회장암체와 모암과의 접촉부에서 회장암을 구성한 사장석이 파쇄되어 있음을 현미경으로 쉽게 확인할 수 있다.

### 자파쇄각력구조(autobreccia structure)

지표를 흐르던 용암류는 표면부터 먼저 식어 지붕을 이루거나, 계속해서 흐르는 용암류에 의해 일부 파괴되어 가라앉거나 파쇄대를 이루고, 일부는 융기되어 갈라진 지붕(투물러스, tumulus)을 형성하기도 한다. 이를 자파쇄각력구조라 한다. 앞서 소개한 수생화성쇄설구조 역시 자파쇄각력구조의 일종이다.

### 열수암구조(hydrothermal rock structure)

열수암은 열수용액의 작용으로 이루어진 암석이다. 열수는 마그마 기원의 초생수, 운석 기원의 기상수, 강수 기원의 지하수 등이 마그마의 잠열, 방사성 원소의 붕괴열, 지하 등온열에 의해 가열되어 형성된다. 열수는 이를 함유한 암체의 온도보다 높은 특징이 있으며 여러 가지 암석성분을 용해하여 흡수한다. 미국의 옐로스톤 국립공원의 간헐천(geyser*), 세계 각지의 온천수, 화산분출 수증기 등은 눈으로 확인되는 열수이다. 열수의 대표적인 지질작용에는 각력화작용, 침전작용, 변질작용이 있는데 특히 열수에 의해 형성된 모든 구조를 열수암구조라 한다.

- 열수각력구조(hydrothermal breccia structure) 후마그마의 열수기가 되면 마그마에는 점차 열수가 농집되며 이미 고화된 암체에 형성된 단열을 통해 열수는 빠져 나간다. 이때 열수는 압력이 떨어져서 단열팽창되어 온도는 떨어지고 부피는 팽창하여 기포가 맹렬히 발생한다. 기포를 수반한 열수가 폭발적으로 균열을 통해 빠져 나갈 때 통로의 암석을 붕괴시켜 열수각력을 만든다. 이러한 각력화는 폭발적이기 때문에 열수폭발각력(hydrothermal eruption breccia*)이라고 하거나 이러한 과정이 마치 화산활동처럼 작용하여 각력을 만들기 때문에 열수 화산성 각력화작용(hydrothermal volcanic fragmentation*)이라고도 한다. 다이아트림구조는 열수에 의해서 단열을 따라 깔때기 모양의 각력 파이프를 형성한 구조이다. 이 구조는 지하 2,500m에 이르는 것도 있으며 끝에 가서 암맥과 연결되기도 한다(Vespermann과 Schmincke, 2000).

- 열수침전구조(hydrothermal precipitation structure) 열수는 대체로 400℃ 이하, 1~3kbar의 상태로서 후마그마(기성 및 열수기)에 농집된 성분과 기존 암석을 용해시켜 흡수한 성분을 함유한다. 열수에 함유된 성분은 지하에 형성된 균열, 단층, 파쇄공간, 기타 암체 내 각종 공동에 침전되어 교질상구조, 포도상구조, 신장형구조, 빗살구조, 대칭층상구조 등을 이룬다. 때로는 유용한 맥상 열수 광상을 만든다. 석회암을 용해시켜 지표에 용출된 열수는 석회화 단구를 형성하는데 옐로스톤 국립공원의 맘모스 핫 스프링(Mammoth Hot Springs) 온천단구나 터키의 파무칼레(Pamukkale) 온천단구는 유명한 석회화 단구이다.

- 열수변질조직(hydrothermal alteration texture) 기존 고체 상태의 암석 또는 광물이 열수와의 반응에 의해서 비롯된 모든 변질현상이다. 예를 들면 견운모화(장석류 → 견운모), 녹니석화(흑운모 → 녹니석), 사문석화(감람석 → 사문석)에 의한 변질과 붕소를 많이 함유한 전기석, 플루오르를 함유한 형석, 규산염 광물인 석영 등의 정출이 열수에 의해 이루어지고 동시에 이와 접한 광물을 변질시킨다. 이와 같이 후마그마기의 열수작용에 의해 뜨겁고 고화된 암석에서 생기는 모든 변화를 묶어 초생변질이라 하며 흔히 가상교대가 따른다.

## 229 원쇄설성조직(광물의 깨어짐)

각섬석 편암을 관입한 회장암의 접촉부 양상이다. 90% 이상 사장석으로 구성된 회장암의 사장석 입자는 파쇄된 양상을 뚜렷이 보인다. 마그마의 중앙부보다 상대적으로 온도가 낮아 일찍 정출된 변두리의 사장석은 관입과정에서 깨어진다.

경남 하동군 횡천면 애치리 애치부락 부근
직교-단니콜, 34배

## 230 자파쇄각력구조(파쇄대)

야외 사진이며 용암굴 벽의 일부이다. 벽의 중앙부는 암석이 깨져 파쇄대를 이루었는데, 이 파쇄대는 용암굴 지붕의 붕괴에 의해 형성된 것이다.

제주도 제주시 구좌읍 월정리, 만장굴 입구

## 231 자파쇄각력구조(투물러스)

야외 사진이다. 용암의 굳은 표면 아래 굳지 않은 용암의 공급이 증가되어 표면이 부풀어 올라 구릉형태의 투물러스가 되고 결과적으로 표면이 갈라진다(해머 위치).

제주도 제주시 구좌읍 행원리 연두봉, 봉화대 해안

## 232 자파쇄각력구조(암석의 깨어짐)

대부분 정장석 반정을 함유한 유문암편과 소량의 안산암편으로 구성된 화성쇄설암이다. 단니콜에서 보면 대부분 동일한 성분의 깨어진 암편으로 구성되어 있으며 암편 사이가 빈틈없이 맞추어져 있으므로 외부에서 유입된 암편으로 볼 수 없다. 이로 보아 이 암석은 먼저 고화된 용암의 표면이 파쇄된 것으로 자파쇄 각력암이며 파쇄되기 전은 유문암, 후는 화성쇄설암이다.

울산광역시 울주군 서생면 나사리, 봉화산
직교-단니콜, 34배

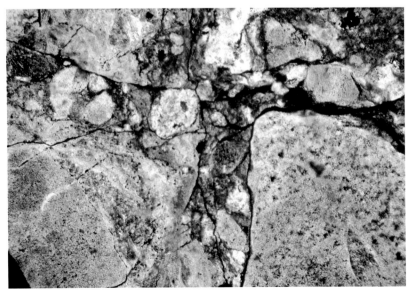

## 233 열수각력구조(각력화 퇴적암)

각력의 성분은 엽상 이토 세일이 대부분이고 소량의 괴상 이암도 관찰된다. 열수에 의해 형성된 각력 및 각력 사이의 공간은 일종의 공동으로서, 각력 주위로부터 정출이 시작되어 공동의 중심까지 결정으로 채워진다. 각력과 접한 부분은 은미정질 입자로 되어 있으며 이토 세일의 엽리에 따라 침투된 세맥, 그리고 열수에 의한 포획물도 관찰된다. 각력의 사이는 엽상 옥수가 방사상으로 공동의 중심을 향해 정출되어 교질상구조를 보인다. 공동의 규모가 큰 박편의 다른 부분에는 옥수로 둘러싸인 석영이 관찰된다.

경남 고성군 상리면, 고성동광산
직교–단니콜, 34배

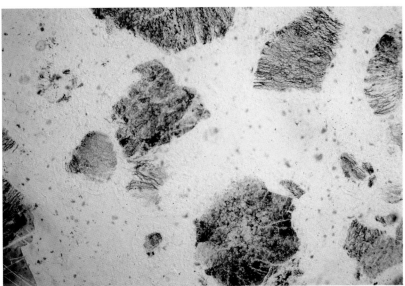

## 234  열수각력구조(각력화 화산암)

이 암석은 화산력 응회암이다. 역과 역 사이는
빗살조직의 석영 맥이 관찰되는데(사진의 중앙)
이는 이 부분이 처음부터 공동이었음을 의미한
다. 역에 석영이 세맥으로 침투하였거나 역의
일부를 포획한 은미정질 바탕은 열수의 관입
을 의미한다. 단니콜 사진에서는 파괴된 화산
력, 석영 세맥, 미세 포획물을 확인할 수 있다.

경남 고성군 상리면, 고성동광산
직교−단니콜, 34배

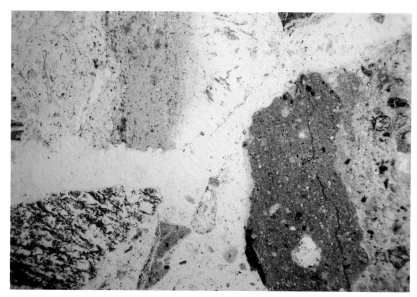

## 235 열수침전구조(교질상 및 신장형)

사진 중앙에서 좌우로 아치형의 교질상 열수침전구조가 있고 그 위쪽의 방사상 엽상 결정은 신장형 정출구조를 보인다. 아치형구조는 극세립 입자가 여러 겹 주기적으로 침전하여 형성된 일종의 층상구조로서 반경이 작은 것으로부터 큰 것으로 정출한 것이다. 신장형구조는 방사상으로 성장한 결정의 끝이 사람의 신장 형태와 같은 외형을 이룬 데에서 붙여진 이름으로 아치형 층상구조로부터 점점 확대 정출한 것이다. 이 조직은 일종의 신장집적조직(6장 집적 마그마 구조 참고)에 해당된다.

경남 고성군 상리면, 고성동광산
직교-단니콜, 34배

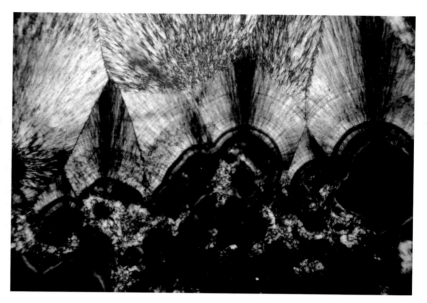

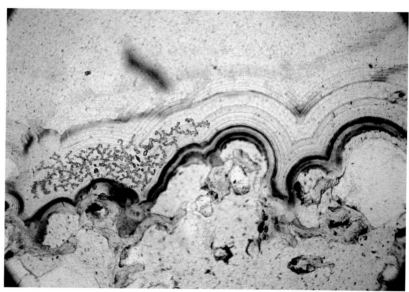

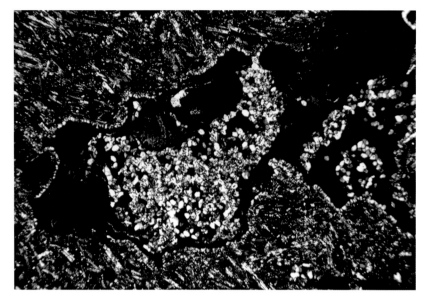

## 236 열수침전구조(교질상)

현무암의 기공의 벽에 따라 폭 0.06mm 내외의 교질상 열수 침전층이 형성되어 있는데(단니콜의 화살표) 이 층의 구성광물은 은미정질이어서 식별이 어렵다. 단니콜에서 불투명한 흑색 광물은 수중산화에 의한 것이다. 전체가 하나의 기공에 형성된 행인인데 행인 내에 공동이 곳곳에 형성되어 있어 공극행인상조직이 되었다.

충남 태안군 남면 은골
직교-단니콜, 34배

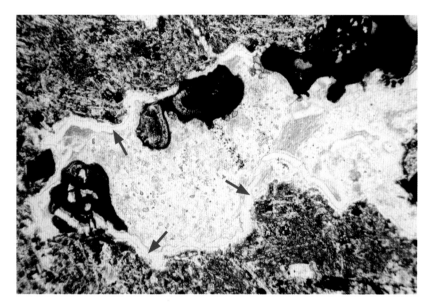

## 237 열수침전구조(대칭 층상)

회장암에 열수기의 석영, 방해석이 관입하였다. 미세맥의 주변 사장석은 모두 소광상태이다. 사진은 균열에 따라 접촉부로부터 내부로 미정질 석영 띠, 방해석 띠가 대칭으로 분포되어 있으며 중앙은 다시 석영으로 구성되어 있음을 보여 준다. 단니콜에서 방해석이 교질상 구조를 보여 이곳이 공동 또는 액체상태이었음을 나타낸다.

경남 산청군 금서면 방곡리 뒷골
직교−단니콜, 34배

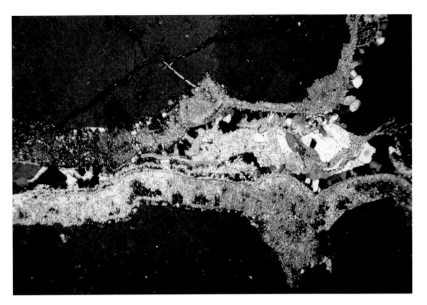

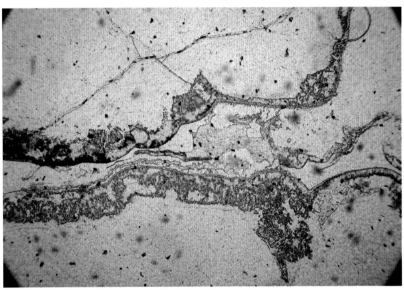

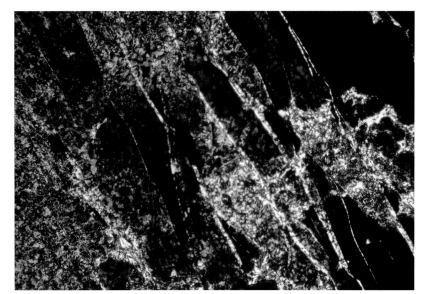

## 238 열수변질조직(견운모화)

표성기원에 의해서 철을 함유한 광물이 풍화를 받아 고산을 형성함과 동시에 열수용액에 의해서 규산염 광물이 견운모로 대부분 변질되었다. Ⅱ-Ⅳ상한에 걸쳐 있는 대각선 밝은 띠는 풍화에 약한 함철 광물들의 경계를 이룬 규산염 광물이 풍화에 강하여 격벽을 형성한 것이다. 단니콜에서는 열수용액의 침전에 의해 형성된 규모가 작은 아치형 교질상구조도 관찰된다.

경남 고성군 상리면 고성동광산
직교-단니콜, 34배

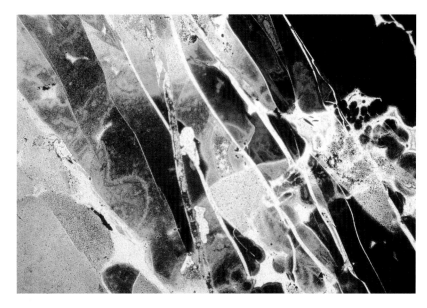

## 239 열수변질조직(견운모화)(2)

왼쪽의 사장석(△표)은 회장암의 일부이고 오른쪽 연두색 또는 연한 갈색의 갈렴석은 회장암 분화의 말기에 정출된 회장암질 거정암의 일부이다. 그 후 열수용액에 의해서 다량의 견운모와 소량의 석영이 정출되면서 사장석은 견운모로 대부분 교대되거나 견운모 내에 미세 포획물로 잔존하게 되었고, 오른쪽의 갈렴석은 견운모와의 경계에 따라 변질되어 있음을 볼 수 있다. 단니콜을 통해 위에서 설명한 견운모의 세맥상 교대, 미세 포획물, 갈렴석의 변질 등이 상세히 드러난다.

경남 하동군 옥종면 두양리 제동
직교–단니콜, 68배

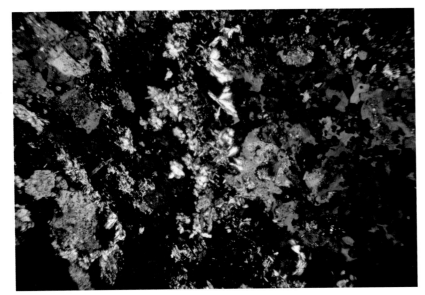

## 240 열수변질조직(녹니석화)

사진은 화산력 응회암의 일부이다. 엽상 또는 침상으로 밝게 보이는 것은 견운모이고 그 사이의 어두운 갈색 광물은 녹니석류에 속한 펜닌이다. 두 광물은 열수 변질에 의해 생성된 것이다. 단니콜에서 펜닌은 특유의 연두색 다색성을 띈다.

경남 고성군 상리면, 고성동광산
직교–단니콜, 34배

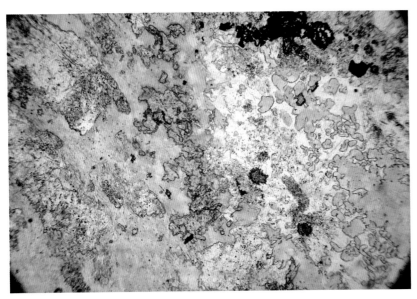

## 241 열수변질조직(석영의 관입)

대각선 1° 회백색 광물은 석영이고 주변의 모든 광물은 정장석이다. 이 암석은 화강암질 거정암의 일부이다. 열수기에 관입한 석영에 의한 변질 양상이 석영과 접한 장석에 뚜렷이 보인다. 석영 세맥의 두께가 일정하지 않고, 맥의 양 경계를 합쳤을 때 일치하지 않으며, 맥 석영과 접한 장석이 변질된 것으로 보아 이 석영 맥은 단순히 빈 공간을 채운 관입이 아니라 교대를 수반한 관입이다.

대전광역시 대덕구 송강동
직교니콜, 34배

## 242 열수변질조직(세포상 조직)

사진의 암석은 섬록반암이며 Ⅲ상한 쪽에 사장석 반정이 관찰된다. 간극조직을 보이는 석영이 유난히 많이 함유되어 있다. 견운모화, 녹니석화가 관찰되고 특히 미정질 입자로 채워진 사장석 반정의 비정상 세포상조직 역시 열수기의 변질로 판단된다(빨간 원).

대전광역시 중구 침산동. 침산지역
직교니콜, 34배

## 방향성 구조 · 조직(oriented, aligned structure-texture)

광물의 배열이 선상, 층상 등 일정한 형태를 보이는 구조와 조직이다. 이 조직은 앞에서 소개한 공동 또는 정동과 같은 빈 공간을 2차적으로 충전하여 방향성을 갖는 것과는 달리 용융상태의 마그마에서 1차적으로 정출된 광물이 이룬 것이다.

### 유동구조(flow structure)

- **관입암의 유동구조** 괴상으로 보이는 반심성암이나 심성암도 자세히 관찰하면 관입체의 접촉 경계에 따라 이와 평행하게 광물이 배열되는데 이를 유동구조라 하고, 평행하게 배열된 광물을 유동광물이라 한다. 이 구조는 마그마가 현재의 위치까지 관입하기 전에 이미 정출된 광물이 마그마의 유동에 따라 재배열되기 때문에 방향성을 갖게 된다. 관입체의 외곽에서 이 구조가 관찰되는 이유는 외곽이 중앙부보다 먼저 냉각되어 광물이 일찍 정출되기 때문이다. 암체의 변두리에서 생긴 일종의 유동분화(flow differentiation*)이다.

  관입암의 유동구조를 fluxion structure라고도 하는데 'fluxion'은 영국에서 사용되었던 용어로서 지금은 사문화되어 이와 동의어인 'flow'를 사용한다(Glossary of Geology, 2005).

- **분출암의 유동구조** 용암류가 유동한 흔적을 보이는 구조인데 이 구조의 형성 원인은 첫째, 유동방향에 평행하게 배열된 상하 광물 성분의 차이 때문으로 특히 불투명 광물과 규산염 광물, 규장질 광물과 고철질 광물이 호층을 이루며, 둘째, 입자 크기의 차이에 의한 것으로 입자가 작을수록 풍화에 강하기 때문이다. 위 두 요인은 야외에서 풍화에 의한 차별침식으로 나타나 이 구조의 윤곽이 부각되는 원인이 된다.

- **조면암질조직(trachytoid texture)** 판상, 장엽상, 주상 결정이 거의 평행한 배열을 보이는 조직으로서 배열된 광물이 육안으로 관찰될 때 즉, 현정질 암석에서 이 용어를 쓴다. 이 용어는 일반적으로 준평행한 장석류가 관찰될 때 사용되며 암석이나 광물의 종류에 관계없이 쓰이기도 한다. 이 조직의 성인은 유동구조와 동일하며 실제로 동의어로 사용되기도 한다. 다만 관입암의 유동구조와 같이 관입체의 변두리에 국한된 현상인 것과 그렇지 않은 것의 차이가 있다. 'trachytoid'는 IUGS의 분류에서 야외명으로 조면암질암을 나타내는 용어이다.

- **조면암조직(trachytic texture)** 용암의 현미경 관찰에서 장석 성분의 미정질 또는 마이크롤라이트 반정이 조밀하고 뚜렷한 방향으로 배열되어 있을 때 사용하는 조직명이다. 이 조직은 점성이 높은 조면암에서 특히 잘 발달되며 입자들은 유동 이전에 정출되고 유동 시 일정한 방향으로 정렬되어 조면암조직이 된다. 조면암의 석기에서 방향성을 보이는 광물은 마이크롤라이트 새니딘이나 정장석이다. 이 조직은 흔히 마이크롤라이트 작은 반정, 결정질 큰 반정, 유리질 또는 은미정질 석기 순으로 정출되기 때문에 삼분 비등립상 반상조직이다. 조면암에서 작은 반정과 결정질 큰 반정은 대부분 같은 광물이다. 또한 이 조직은 넓은 의미의 충간상조직에도 해당된다. 충간상조직의 주상 또는 장엽상 마이크롤라이트 장석이 일정한 방향으로 배열될 때 조면암조직이 된다. 조면암질조직과 마찬가지로 이 조직 역시 조면암이나 배열된 광물이 장석류에 국한된 것은 아니다.

일부 학자는 조면암조직을 앞에서 소개한 교직조직과 유리기류정질조직으로 나누기도 한다. 케라토파이아는 조면암조직을 보이는 암석의 일종이다. 최초(1870년대)에는 이 암석을 제3기 이전의 용암이며 Na-장석이 다량 함유된 암석에 국한시켰으나 현재는 담색 규산질 광물(Si, Al 함유)을 함유한 분출암이나 반심성암 모두에 두루 쓰인다. 주로 새니딘 반정에 새니딘 마이크롤라이트 석기로 구성된 조면암과는 달리 케라토파이아는 알바이트-올리고클레이스 반정에 각섬석, 휘석, 녹렴석 등이 함유된다.

### 슐리렌구조(schlieren structure)

심성암체 내에 먼저 정출된 탁상 또는 주상 광물이 마그마의 대류활동, 주입작용, 여과압축(filter pressing*)으로 인해 유·무색 광물로 분리되어 슐리렌의 장축 방향과 나란한 대상 또는 호상으로 농집된 것이다. 이 구조는 심성암의 다른 부분과 성분이 동일하고 점이적이며 모두 마그마의 유동분화에 속한다. 마그마가 지각 위쪽으로 활 모양의 행로를 따라 관입하면 슐리렌은 아치나 돔 형태가 되기 때문에 슐리렌 돔, 슐리렌 아치라는 이름이 생겼다.

슐리렌구조는 관입암의 유동구조와 형태가 유사하나 분포 위치와 성인에 차이가 있으며, 조면암구조와는 심성암에서 형성된 구조라는 차이만이 있다. 중력에 의한 화성성층구조와도 차이를 보인다.

**평행성장조직**(parallel-growth texture)

앞의 특수한 3차원 조직(3장)에서 소개한 평행성장조직을 말한다(그림 7, 사진 33). 또한 이 조직은 조면암질조직이나 조면암조직에서 서로 이웃한 결정이 평행하게 배열된 양상과 유사하다(사진 247).

## 243 관입암의 유동구조와 사장석 결정

왼쪽의 고철질 암맥이 오른쪽의 회장암을 관입한 접촉부이다. 심하게 견운모화된 관입암의 사장석 반정이 두 암석의 경계와 거의 나란히 배열되어 있으며 경계에서 멀어질수록 사장석은 불규칙한 배열을 보인다. 경계의 관입암 쪽에는 미세한 회장암 구성광물이 포획되어 있다.

경남 산청군 생초면 어서리, 도로변
직교니콜, 34배

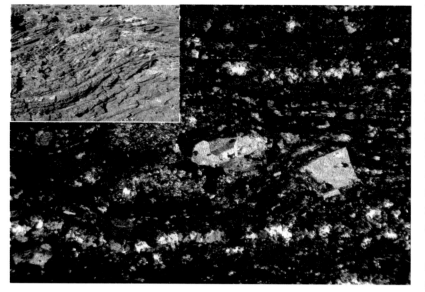

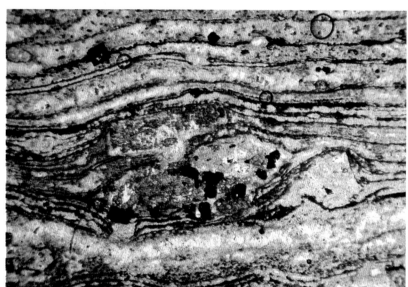

## 244 분출암(용암류)의 유동구조와 유문암

큰 사진은 미정질 반정과 은미정질 또는 유리질 석기로 구성된 반상조직과 유동조직을 보이는 유문암이다. 반정은 주로 반자형 또는 타형의 새니딘과 사장석으로 구성되어 있으며 석기는 구름 같고 약한 편광을 보이는 정자나 마이크롤라이트, 불투명 광물로 구성되어 있다. 단니콜에서 뚜렷한 유동구조를 보이는 원인은 수평으로 배열된 입자 크기의 차이와 유·무색 광물의 함량 차이이다.

　왼쪽 위 작은 사진은 야외에서 촬영한 용암의 유동구조이다(제주시 구좌읍 행원리, 봉화대 해안).

충남 금산군 추부면 서대산
직교−단니콜, 34배

## 245 분출암(쇄설성)의 유동구조와 화쇄류

화산체의 사면을 따라 흘러내린 각종 화성쇄설물로 구성된 화쇄류가 굳은 유동 화성쇄설암이다. 미정질 입자는 대부분 사장석, 소량의 암편 및 단사휘석이고, 소광상태의 바탕은 유리질 입자와 불투명 광물이다. 구성광물의 종류로 보아 섬록암질이나 반려암질 마그마의 분출물로만 이루어져 동질분출물조직에 해당된다. 반자형 또는 타형의 구성광물은 화쇄류 분출 이전 마그마에서 정출된 것이며 유동구조가 선명하게 보이는 단니콜의 바탕에는 유리질 렌즈 형태의 피아메도 관찰된다. 공중에서 낙하된 낙하 화성쇄설암보다 화쇄류와 같이 지상에서 유동한 유동 화성쇄설암에서 이 조직이 잘 관찰된다.

제주도 서귀포시 안덕면. 용머리 해안
직교-단니콜, 34배

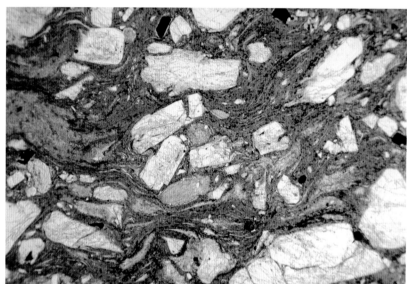

## 246 조면암질조직의 반려암

주로 휘석과 사장석으로 구성된 반려암이다. 일정한 방향을 보이는 사장석 입자의 크기가 1mm 내외인 세립 또는 중립질이기 때문에 육안으로 관찰이 가능한 조면암질조직이다.

경남 산청군 산청읍, 정수산
직교니콜, 34배

오른쪽 위의 작은 표품 사진은 조면암질조직이 발달된 현무암이다. 1.5mm 내외의 사장석이 일정한 방향을 보인다.

제주도 서귀포시 표선리 하동
눈금자 2cm

## 247 조면암조직의 조면암

소광상태인 카알스바드 쌍정의 새니딘 반정에 마이크롤라이트 새니딘 석기로 구성된 조면암 이다. 석기와 반정의 새니딘은 일정한 방향으로 배열되어 있는 조면암조직을 보인다. 이 조직의 형성 과정은 조면암조직의 마이크롤라이트-새니딘 성분의 세립 카알스바드 반정-유리질 또는 은미정질 석기의 순이며 삼분 비등립상 반상조직이다.

제주도 서귀포시 안덕면, 산방산
직교니콜, 34배

## 248 조면암조직의 현무암

감람석 현무암의 석기를 이룬 주상 또는 침상 마이크롤라이트 사장석이 일정한 방향으로 배열되어 있어 조면암조직을 보인다. 이 현무암 역시 삼분 비등립상 반상조직을 보인다.

제주도 서귀포시 표선리 하동
직교니콜, 34배

## 249 슐리렌구조(고철질 광물)

야외 사진이다. 대류에 의한 마그마의 유동으로 유·무색 광물이 분리되어 농집된 호상구조를 보인다. 석영, 장석이 우세한 우백질 부분은 화강섬록암이고, 흑운모, 보통각섬석이 우세한 우흑질 부분은 섬록암이다. 기타의 부분(렌즈 덮개 위치)은 편상 화강섬록암에 해당된다.

충남 예산군 대흥면 교촌리
고희재 박사 사진 제공

## 250 슐리렌구조(규장질 광물)

야외 사진이다. 반상 흑운모 화강암에 최대 7cm 크기의 거정질 반정이 정출되어 있으며 반정은 일정한 방향으로 재배열되어 있어 슐리렌구조를 보인다.

이 암석은 청산화강암으로 명명되어 있는데 거정의 반정은 화성 기원임이 밝혀져 있다(Ree 외, 2001 ; Sagong 외, 2005).

옥천군 청산면 청산읍, 교평교 부근

# 집적마그마구조 · 조직

## (cumulate magmatic structure-texture*)

### 집적암조직(cumulate texture*)

물질의 추가 및 유실이 없는 닫힌계나 그 반대의 열린계에 관계없이 마그마의 바닥에 비중이 큰 광물이 집적되어 형성되는 모든 종류의 암석을 **집적암**(accumulative rock*)이라 하고 이 암석에서 보이는 조직을 총칭하여 집적암조직이라 한다. 집적암은 먼저 정출된 **집적광물**(cumulus mineral*)과 그 사이에 있는 **간극용액**(intercumulus liquid*) 또는 **잔류용액**(residual liquid)에서 뒤에 정출된 **간극결정**(intercumulus crystal*)으로 구성된다. 집적암은 그림 18과 같이 세분되며 세분된 조직은 본문에서 설명한다. 그림에서는 집적광물을 사장석과 감람석으로만 소개하였으나 두 광물로 국한된 것은 아니다.

도식적으로 나타낸 그림 18의 일부 현상을 자연에서 찾은 것이 그림 19이다.

- **정집적암조직**(orthocumulate texture*)  하나 또는 그 이상의 광물이 기계적으로 가라앉은 집적광물과 성분이 다른 간극결정으로 구성된 조직이다. 간극용액은 집적광물의 변두리에 누대조직을 만드는데 용액이 충분할 때에는 포유조직을 만든다. 이때 간극결정은 모광물이 된다. 이 조직은 닫힌계에서 이루어지기 때문에 새로운 마그마의 공급이 없는 상태에서의 간극결정은 간극용액이 다 없어질 때까지 집적광물보다 정출온도가 낮은 몇 종의 광물로 정출되기도 한다. 현미경 관찰에 의한 이 조직의 특징은 집적광물인 사장석에 정상누대조직이 형성되는 점과 간극용액에 의한 포유조직의 형성이 가능한 점이다(그림 18A).

- **중간집적암조직**(mesocumulate texture*)  정집적암조직과 첨가집적암조직의 중간 형태로서 적은 양의 간극용액과 새로 공급된 마그마에서 정출이 이루어지기 때문에 간극결정과 첨가집적 성장된 집적광물이 각각 형성된다. 따라서 사장석 결정에서 누대 및 과성장의 양상이 발달되나 포유조직은 형성되지 않는다(그림 18B).

- **첨가집적암조직**(adcumulate texture*)  이 조직은 열린계에서 이루어지는 것으로 일종의 결정핵소가 된 집적광물은 새로운 마그마의 지속적인 공급에 의한 동일 성분의 확산으로 인해 점차 광학적으로 균질한 결정으로 과성장하게 된다. 간극용액은 새로운 결정핵소를 만들기보다 집적광물을 과성장시키는 데에 소모되는데 이러한 현상을 **첨가집적성장**(adcumulus growth*)이라 한다. 이러한 성장이 극대화되면 암석은 거의 단일 광물로 구성되고, 변성암의 재결정에 의한 형태와 동일한 다각경계조직이 된다. 이 조직의 특징은 사장석 집적광물에 과성장조직이 형성되어 첨가집적광물이 되는 점이다(그림 18C).

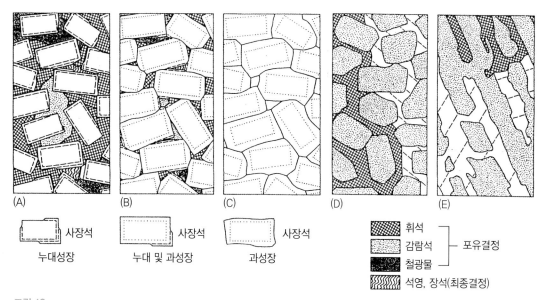

(A)    (B)    (C)    (D)    (E)

사장석 누대성장    사장석 누대 및 과성장    사장석 과성장

휘석 / 감람석 / 철광물 — 포유결정

석영, 장석(최종결정)

그림 18.
집적암의 분류 및 조직. (A) 사장석 정집적암, (B) 사장석 중간집적암, (C) 사장석 첨가집적암, (D) 감람석 불균질집적암, (E) 감람석 신장집적암. (Ehlers와 Blatt, 1980)

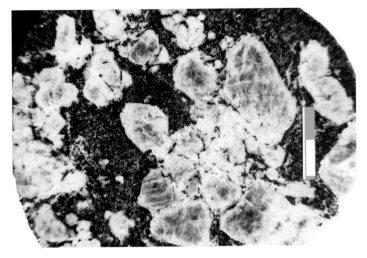

그림 19.
집적광물, 간극결정, 그리고 열린계의 누대 및 과성장 현상. 간섭색 1°
회백색의 사장석 집적광물은 누대 및 과성장된 양상을 잘 보여 주며, 주
로 보통각섬석과 휘석으로 구성된 암회색 바탕은 사장석 입자 사이를 충
전한 간극결정으로 구성되어 있다. 반려암 표품이다.
경남 산청군 산청읍 송경리 임촌
눈금자 2cm

- 불균질집적암조직(*heteradcumulate texture**) 열린계에서
형성되는 대표적인 조직으로서 집적광물이 감람석과 같은
고온성 광물이면 이 계에 유입된 새로운 마그마는 감람석
을 첨가집적성장시키는 데에 쓰이지 않고 그보다 정출온
도가 낮은 휘석이나 사장석 간극결정을 정출시켜 집적결
정을 둘러싼 큰 모결정이 정출되어 포유조직 형태가 된다
(그림 18D). 이때 모결정을 **불균질집적결정**이라 한다. 모결
정에 누대조직이 없는 것으로 보아 새로운 용액의 지속적
인 공급이 이루어진 것이다. Jackson과 Wager 외(1960)는
집적결정과 불균질집적결정(간극결정)을 성분이 다른 것
으로 설명하였으나 *Glossary of Geology*(2005)는 같은 성분
으로 정의하였다. 실제로 An 함량이 높은 사장석 집적광
물에 An 함량이 그보다 낮은 사장석 간극용액이라면 후자
의 정의도 가능한 것으로 본다.

- 신장집적암조직(*crescumulate texture**) 모든 종류의 집적
암조직에서 집적광물이 신장집적결정을 이룬 조직인데 성
인적으로 불균질집적암조직의 변형이다. 신장집적결정이
란, 용액에서 성분은 조금씩 다르나 광학적으로 균질하며
화성층상구조에 거의 직각되게 성장하여 신장된 골격상 또
는 세포상 집적광물을 의미한다(그림 18E). 동시에 용액에
서는 누대조직이 없는 불균질집적결정이 정출된다. 예를
들면 감람석 신장집적결정에 휘석 불균질집적결정이 있는
데 Wager(1968)는 신장집적결정을 감람석으로 국한하지
않았으나 Donalson(1982)은 감람석으로 국한하고 할리사
이트조직(*harrisite texture**)이라 하였다.

## 251 사장석 정집적암조직

고철질 단사휘석을 수반한 회장암이다. 먼저 정출된 사장석은 후에 정출된 휘석 내, 또는 휘석 밖에 함유되어 있어서 부분적으로 포유조직을 보인다. 사장석은 집적광물이고 휘석은 간극용액에서 정출된 간극결정이다. 새로운 마그마의 공급이 없는 상태에서 간극용액으로부터 휘석 외에 티탄철석의 정출도 현미경의 다른 시야에서 관찰된다. 이 두 광물은 집적광물인 라브라도라이트 성분의 사장석보다 정출온도가 낮은 것으로 볼 수 있다. 재물대를 회전할 때 사장석의 누대성장이 일부 관찰된다.

경남 함양군 유림면 점촌
직교-단니콜. 34배

## 252  사장석 중간집적암조직

회장암에서 관찰한 조직이다. 먼저 정출된 사장석 집적광물 사이를 충전한 후기의 단사휘석이 간극조직을 잘 보여 준다. 이 조직은 집적광물과 간극결정(단사휘석)이 둘 다 성장하여 이루어진 것이다. 그 결과 첨가집적광물인 사장석은 사진에서와 같이 누대 및 과성장된 결정으로 형성된다(오른쪽 아래의 결정). 첨가집적광물이 과성장된 경우는 상대적으로 간극용액의 양이 적어져 결과적으로 포유조직이 형성되지 않는다.

경남 산청군 특리, 광구폭포 일대
직교-단니콜, 34배

## 253 사장석 첨가집적암조직

대부분이 사장석이고 5% 미만의 단사휘석이 함유된 회장암이다. 대단히 적은 양의 단사휘석이 사장석 결정 틈새에 정출되어 간극조직을 보인다. 이 조직은 열린계에서 이루어진 것으로서, 외부로부터 새로운 마그마의 지속적 공급으로 집적광물인 사장석은 점점 과성장하여 거의 단일 광물로 구성된 집적암이 되었다. 사진의 중앙 아래에 있는 사장석은 과성장조직을 보이는데(화살표) 이는 간극용액의 첨가에 의한 첨가집적암임을 나타낸다. 단니콜에서는 간극조직을 이룬 소량의 휘석을 관찰할 수 있다.

경남 산청군 금서면, 왕산
직교−단니콜, 34배

## 254 감람석 불균질집적암조직과 단사 휘석 모결정

휘석암에서 관찰한 조직으로 단사휘석 내에 감람석이 포유된 포유조직을 보인다. 열린계에서 형성되는 이 조직은 유입된 새로운 마그마의 온도가 낮아 집적광물인 감람석을 성장시키는 데 쓰이지 않고, 그보다 정출온도가 낮은 휘석의 성장에 집중적으로 소모됨으로써 불균질집적결정으로 성장하여 감람석을 포유한 포유조직을 이루었다. 단니콜에서 감람석은 세맥상 사문석으로 교대된 양상이 잘 관찰된다.

경남 산청군 차황면, 남산
직교-단니콜, 34배

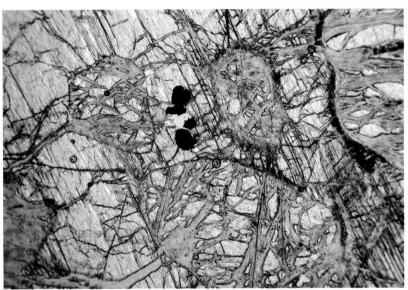

## 255 단사휘석 불균질집적암조직과 사장석 간극결정

사진 254에서 설명한 조직과 큰 차이는 없으며 모결정 단사휘석에서 간극결정 사장석으로, 포유물이 감람석에서 단사휘석으로 바뀌었을 뿐이다. 따라서 새로 유입된 상대적으로 낮은 온도의 마그마는 휘석을 성장시키지 못하고 그보다 정출온도가 낮은 사장석(단니콜, △표)을 불균질집적결정으로 성장시켰다. 그러나 그 양이 매우 적어 포유조직은 되지 않고 간극조직이 되었다.

경남 산청군 산청읍 정수산
직교−단니콜, 68배

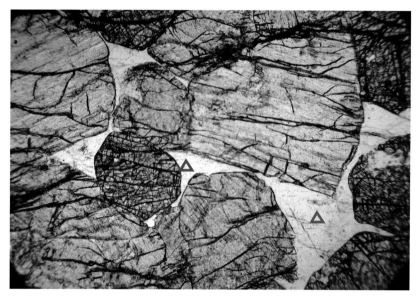

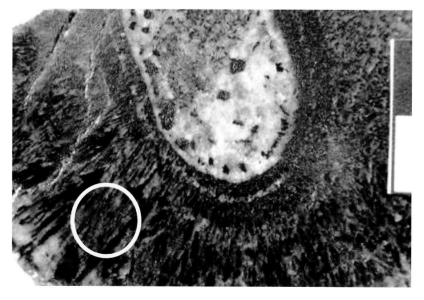

## 256 보통각섬석 신장집적암조직과 구상구조

이 표품 사진은 섬록암에 형성된 구상구조이다. 이 구조의 최외곽에 구상구조의 접선과 거의 직각으로 평행한 여러 조의 보통각섬석이 신장 정출되어(최대 1.5cm) 신장집적암조직을 보인다(노란 원). 이 조직의 현미경 사진은 이후 구상층상구조의 표품 사진(사진 265)의 광물대 6에 해당되는 부분에서 소개한다. 사진 105의 티탄철석(오른쪽 빨간 원)과 사진 266의 석영 역시 신장집적조직을 보인다.

경북 상주시 낙동면 신평
눈금자 2cm

## 화성층상구조(igneous layering structure*)

층상구조에는 퇴적암의 층리와 같은 퇴적기원, 변성암의 편리와 같은 변성기원도 있는데 이 책에서는 화성기원 층상구조를 설명한다. 이 구조는 일종의 집적마그마구조이다.

- 주기적층상구조(rhythmic layering structure*) 화성층상구조는 마그마에서 정출된 규장질 광물과 고철질 광물, 또는 이들 광물과 크롬철석이나 티탄철석과 같은 불투명 광물이 호층을 이룬 것이다. 이와 같이 구성 광물의 변화가 눈으로 관찰되는 층상구조를 주기적 층상이라 한다. 주기적 층상은 폭이 수 밀리미터에서 수십 센티미터에 달하는 광물대가 단 한 층만 있는 것이 아니라 주기적이며 수평 또는 그에 가깝게 무수히 형성된다. Skaergaard 관입암체(Wager와 Brown, 1967)나 경남 산청군 산청읍 부근에 분포한 회장암(Jeong, 1980)에서는 주기적층상구조가 잘 관찰된다. 주기적 층상은 중력에 의해서 이루어진 일종의 호상구조이

다. 무거운 감람석이나 휘석 같은 고철질 광물은 층상의 아래에 집적되고(집적결정) 상대적으로 가벼운 규산염 광물은 위로 갈수록 증가하여(부유결정) 한 쌍의 층상을 이룬다. 아래 층상과의 경계는 비교적 명료하며 아래의 고철질 광물대와 위의 규산염 광물대는 점이적이다. 이러한 층상이 주기적으로 반복될 때 주기적층상구조가 된다.

- 은층상조직(cryptic layering texture*) 광물의 변화가 눈에 감지되지 않으나 분화의 진행에 따라 광물 성분이 점이적으로 변하는 구조이다. 은층상은 사장석의 Na/Ca 성분 변화, 감람석이나 휘석의 Fe/Mg 성분 변화를 말하는데 오직 현미경 관찰이나 화학분석으로만 알 수 있다. 은층상 변화는 주기적 층상에서 생성 순서에 따른 층 단위의 성분 변화뿐만 아니라(사진 259) 하나의 광물 입자 내에서도 이루어진다. 은층상조직은 앞에서 소개한 누대조직(4장)의 정상누대조직, 역전누대조직에서 이미 설명한 바 있다.

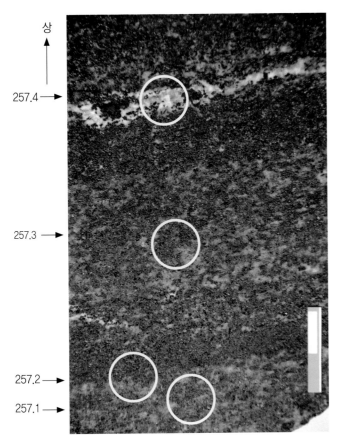

상

257.4 →

257.3 →

257.2 →

257.1 →

## 257 주기적층상구조

반려암의 표품 사진으로, 초고철질 광물대와 중색질 광물대가 호층을 이룬 수평 주기적층상구조를 보인다. 고철질 광물은 휘석류이고 규장질 광물은 대부분 사장석이다. 층상구조의 상하는 야외에서 확인한 것이다. 각 초고철질 광물대의 하부에 고철질 광물이 밀집되어 아래 광물대와 뚜렷한 경계를 보이는 반면, 위로 갈수록 규장질 광물이 증가하여 중색질 광물대로 점이하며 맨 위쪽 초고철질 광물대는 위쪽 경계도 명료하다. 사진 257.4에 알칼리 장석 층준이 형성되어 있다. 현미경 사진 촬영 위치는 표품에 원으로 표시한 네 군데이다(아래에서부터 사진 257.1, 257.2, 257.3, 257.4).

경남 산청군 차황면 부리
눈금자 2cm

## 257.1 안정된 자세의 사장석

라브라도라이트 성분의 사장석이 거의 수평 방향으로 집적되어 있고 단사휘석은 사장석 결정 사이에서 입간조직을 보인다. 이러한 조직으로 보아 사장석은 집적광물(전기)이고 단사휘석은 간극결정(후기)이다. 15% 내외의 고철질 광물 함량으로 보아 이 암석은 통상의 반려암이다. 단사휘석의 함량은 상부로 갈수록 점점 감소한다.

직교니콜. 34배

## 257.2 하부 층상구조의 경계

경계의 바로 아래 암석은 고철질 광물의 함량이 더 아래 부분보다 현저히 줄어(3% 이내) 회장암에 해당되고, 경계 위쪽의 암석은 단사휘석에 불투명 광물(티탄철석으로 보임)과 소량의 사장석을 수반한 함사장석 휘석암이다. 두 암석은 층상구조의 경계를 뚜렷이 보인다. 단니콜에서 관찰할 때 경계 아래쪽 암석에서 극히 소량 함유된 불투명 광물이 경계 위쪽에는 갑자기 상당량 수반됨을 알 수 있다. 불투명 광물과 사장석은 휘석을 포유한 포유조직이 되거나 휘석 사이에서 간극조직을 보인다. 따라서 두 광물의 정출순서는 사진 257.1과 반대가 되어 휘석은 집적광물, 불투명 광물과 사장석은 간극결정이다. 단니콜에서 휘석은 부분적으로 자형을 보이고 불투명 광물에 의해 심한 용식을 받았다. 사장석과 경계 부근의 불투명 광물 내에 사장석이 집적광물로 다수 관찰되는 점은 층상구조의 상하 관계와 집적광물-간극결정의 선후 관계를 말해 준다.

직교-단니콜. 34배

### 257.3 초고철질 광물대 사이

사진 257.2의 위치에서 사진 257.3으로 옴에 따라 휘석과 불투명 광물의 양은 줄고 사장석의 양은 다시 증가한다. 이 위치의 암석은 통상의 반려암에 해당된다. 이 위치에서 사장석은 표품의 하위보다 더 안정된 수평 자세로 집적되어 있다.

직교니콜, 68배

### 257.4 알칼리 장석 층준

육안으로 충분히 관찰 가능한 분홍색 입자로 된 수평 알칼리 장석 층준으로서 심한 견운모화 변질을 받았다. 극히 미량의 흑운모가 수반되어 있으며 단사휘석이 장석 내에 다수 포유되어 있고 6각 자형 인회석이 상당량 관찰된다. 사진에는 충분히 싣지 못했으나 알칼리 장석 층준과 접한 부분은 양쪽 모두 휘석의 함량이 많은 반려암인데, 차이점은 층준 아래의 고철질 광물은 대부분 단사휘석이지만 층준 위쪽의 고철질 광물은 단사휘석 외에 보통각섬석과 불투명 광물이 함유되는 점이다.

직교—단니콜, 34배

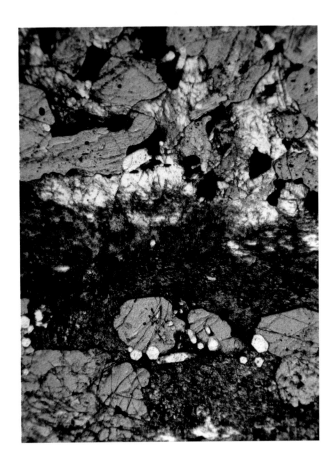

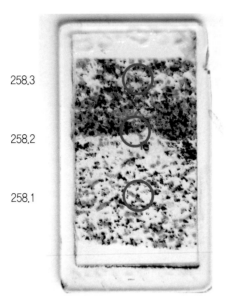

258.3

258.2

258.1

## 258 주기적층상구조(2)

이 박편은 화성 주기적층상구조의 경계를 관찰하기 위해서 제작된 것이다. 3매의 현미경 사진(빨간 원)은 아래서부터 258.1, 258.2, 258.3이다. 육안으로 보아 비교적 명료한 박편 중간의 경계(사진 258.2의 위치)에서 위로 갈수록 고철질광물은 점차 감소한다. 특히 경계의 고철질대에 고철질광물은 밀집되어 있다. 이와 같은 고철질광물의 증감은 박편의 상하를 암시한다.

경남 산청군 차황면 부리
박편 크기 4.7 × 2.8cm

## 258.1 층상구조의 하부

이 부분의 암석은 휘석의 함량이 10% 이상이며 반려암질 회장암이다. 함사장석 휘석암(경계의 위쪽)에 비해 사장석이 월등히 많은 이 부분의 암석은 휘석이 사장석 결정 사이에서 성장한 입간조직을 보인다. 사장석은 집적광물이고 휘석은 간극결정으로 볼 수 있으며 양자의 함량을 비교할 때 중간집적암조직에 해당된다. 이점은 사진 258.3과 반대이다.

직교-단니콜, 34배

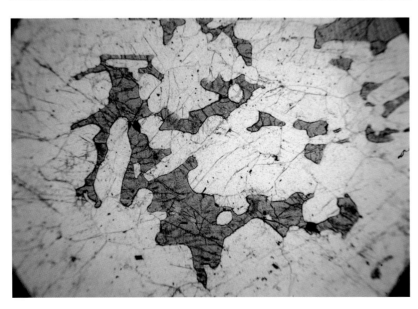

## 258.2 층상구조의 경계(중간)

육안 관찰과는 달리 요철이 매우 심한데 이 경계를 기준으로 하부는 회장암으로, 상부는 함사장석 휘석암으로 구성되어 있다. 회장암의 사장석 성분은 비토나이트로서 박편 하부의 사장석보다 An 함량이 약간 감소되었다. 위쪽의 함사장석 휘석암의 휘석 함량은 경계에 가까울수록 증가한다. 경계에서 변질의 흔적은 없다.

직교-단니콜, 34배

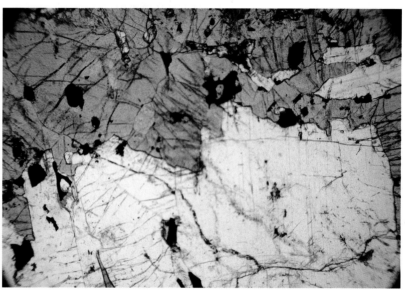

### 258.3 층상구조의 상부

화성층상구조의 상부는 대부분 단사휘석에 소량의 라브라도라이트 성분의 사장석과 불투명 광물로 구성된 함사장석 휘석암이다. 사장석의 An 함량은 중간보다 감소되었다. 사장석과 불투명 광물은 휘석 결정 틈새에서 후기에 정출한 간극조직을 보인다. 현미경의 다른 시야에는 휘석이 불투명 광물(모광물)에 포획된 포유조직도 관찰된다.

직교–단니콜, 34배

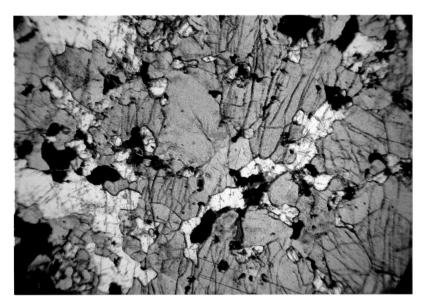

## 259  주기적층상구조(3)

이 표품 사진은 층상구조를 보이는 전석의 절단
면이다. 이 면의 관찰과 박편으로 확인한 것을
근거로 상하를 표시하였다. 현미경 사진(빨간
원)은 층상구조의 경계(사진 259.1)와 그 윗부
분이다(사진 259.2). 육안으로 보아 아래부터
우흑질-초우백질-초고철질-중색질로 변한다.
초고철질의 하부는 초우백질과 명료한 경계를
보이나 상부의 중색질과는 점이적이어서 층상
구조 상하 판단의 근거가 된다.

경남 산청군 차황면 부리
눈금자 2cm

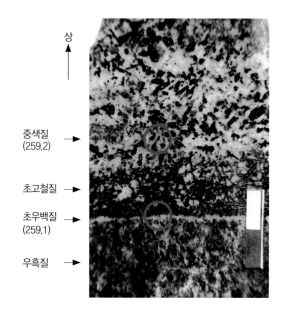

## 259.1  층상구조의 경계

사진은 초우백질과 위쪽 초고철질의 경계를 촬
영한 것이다. 박편에서 관찰한 초우백질의 하
부는 대부분 중립질 사장석에 휘석과 보통각섬
석으로 구성된 우흑질 반려암이며 사장석의 성
분은 최대 An85로서 비토나이트이다. 보통각
섬석은 휘석 주위에 반응연을 형성하였고 사장
석보다 후기에 정출하여 간극조직을 보인다.
폭 1mm 내외의 초우백질 암석은 95% 이상이
사장석으로 구성된 회장암으로 사장석의 성분
은 Ca-라브라도라이트이며 하위의 반려암과는
지극히 점이적이다. 초우백질의 직상은 세립
또는 중립 보통각섬석이 밀집되어 있는 초고
철질 함사장석 보통각섬암이다. 사장석을 포
유한 보통각섬석 모광물이 상당량 관찰된다.
초고철질 암석대는 상부로 갈수록 보통각섬석
의 양이 점이적으로 감소해서 중색질 반려암
이 되며, 이 부분 사장석의 성분은 An55로서
Na-라브라도라이트이고 보통각섬석에 포유된
포유조직을 보인다. 보통각섬석이 사장석보다
후기에 정출된 점은 경계의 직하와 동일하다.

직교-단니콜, 34배

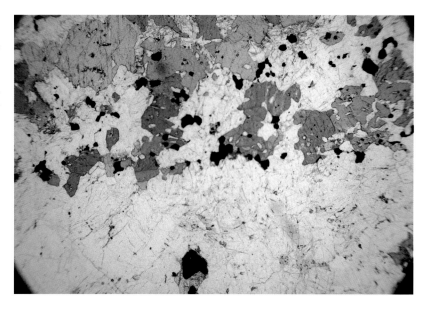

## 259.2 경계의 상부

이 부분의 사장석 성분은 An45로서 Ca-안데신이며 보통각섬석, 흑운모가 함유된 섬록암이다.

전체적으로 표품의 하부에서 상부로 감에 따라 광물의 조합은 사장석-단사휘석-보통각섬석에서 사장석-보통각섬석-흑운모로 변하고, 사장석의 성분은 An85에서 An45까지 변하며 그에 따라 암석은 보통각섬암이 협재되어 있으나 대체로 반려암에서 섬록암으로 변한다.

직교니콜, 34배

세립 반려암 ⟶

함사장석
보통각섬암
(260.1) ⟶

조립 반려암
(일부 거정질) ⟶

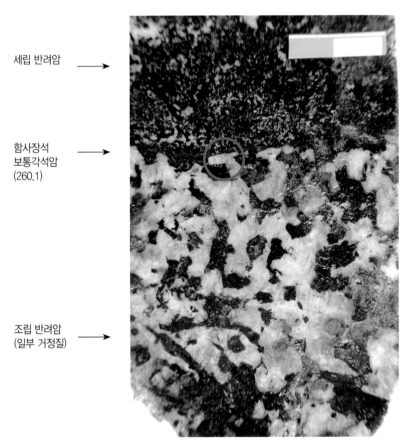

## 260 주기적층상구조(4)

이 표품은 반려암 분포 지역에서 채취한 것이다. 아래로부터 조립 반려암대, 함사장석 보통각섬암대, 세립 반려암대로 나뉜다. 육안으로 보아 조립 반려암대와 보통각섬암대의 경계(빨간 원, 사진 260.1)를 제외하면 대단히 점이적이다.

경남 산청군 차황면 부리
눈금자 2cm

## 260.1 층상구조의 경계

경계의 하부는 조립 사장석이고, 상부는 보통 각섬암대 또는 함사장석 보통각섬암대이다. 층상구조의 경계는 점이적이지 않으나 굴곡이 심하다. 조립 사장석의 쌍정면은 상부 보통각섬암에 의해서 대각선으로 잘려 있고 일부 변질을 받은 흔적이 관찰된다. 사진 260.2는 사진 260.1에 있는 빨간 원 부분을 확대한 것으로 암석의 상하 관계를 확인할 수 있다.

직교–단니콜, 34배

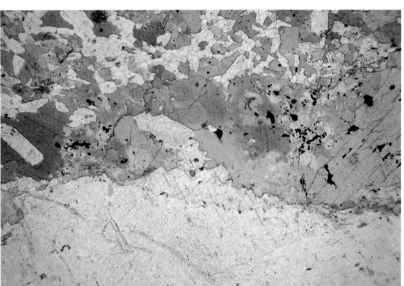

## 260.2 빨간 원의 확대 사진

이 사진에서 접촉 경계의 하부 사장석은 상부의 보통각섬석에 의해서 용식되고 포획되었으며 부분적으로 변질되었다. 또한 앞의 사진에서 소개한 바와 같이 하부 사장석의 쌍정면은 상부 보통각섬암에 의해서 대각선으로 잘린다. 이러한 사실들은 두 암석의 상하 관계를 확실히 보여 주는 증거이며 단순한 화성층상구조인데 관입 접촉과 같은 포획현상, 사교접촉, 변질작용이 관찰되어 특이하다.

직교니콜, 68배

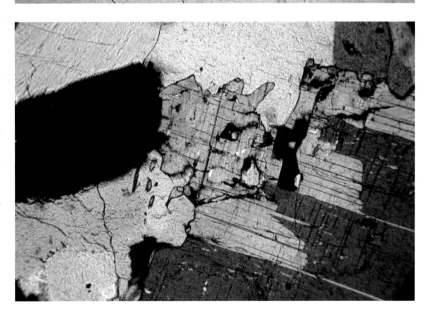

## 261 미세한 화성층상구조

사진의 위쪽 불투명 광물대로부터 제일 아래의 세립암까지는 약 4mm이다. 그 사이에서 암상의 수직적인 변화는 가장 위로부터 아래로 불투명 광물대, 미정질 함사장석 휘석암대, 미정질 휘석암대, 중립 휘석암대, 조립 함사장석 휘석암대로 나뉜다. 여기서 사용한 수식어 '세립'과 '조립'은 상대적인 용어로서 세립은 1/10mm이고, 조립은 평균 1/2mm이다. 광물대 사이의 경계는 불규칙하고 요철이 심하다. 사진의 박편으로는 실제 층상구조의 상하를 확인할 수 없다.

경남 산청군 차황면 부리
직교-단니콜, 34배

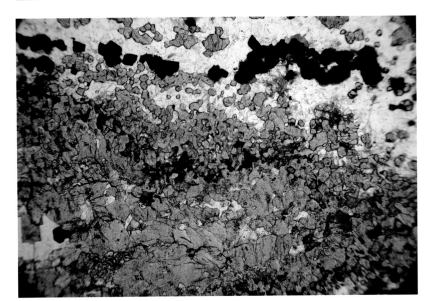

## 262 감람석의 은층상구조

중앙의 광물은 회장암의 조암광물인 감람석인데 사방휘석이 반응연을 형성하였다. 감람석 결정 내 두 점에 대한 E.P.M.A. 분석치 값 (Fa/Fo)은 점 1이 0.33, 점 2는 0.31로서 입자의 중앙에서 변두리로 갈수록 미세하게나마 Fe 값이 증가한다. 이와 같이 성분의 변화가 눈으로 인식되지 않아 은층상구조이다. 점 1과 2의 성분은 감람석의 고용체인 크리솔라이트에 해당된다.

경남 하동군 옥종면 정수리
직교니콜, 68배

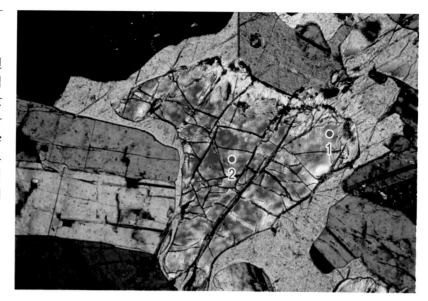

## 263 단사휘석의 은층상구조

회장암에 함유된 단사휘석에 대하여 E.P.M.A. 분석을 하였다. 점 1, 2, 3, 4의 분석치 값(Fs/En)은 각각 0.24, 0.24, 0.22, 0.25로서 결정의 중앙에서 변두리로 갈수록 Fe가 증가함을 보인다. 눈으로 식별되지 않는 변화이기 때문에 은층상구조이다. 점 3은 투휘석이고, 점 1, 2, 4는 셀라이트로서 모두 휘석의 고용체이다.

경남 산청군 단성면, 청계계곡
직교니콜, 68배

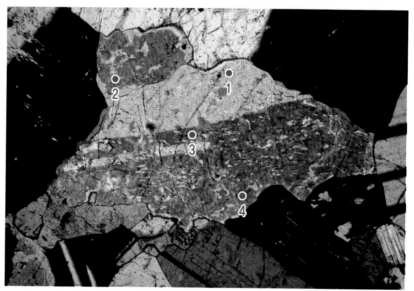

## 264 사장석의 은층상구조

회장암에 함유된 사장석에 대하여 E.P.M.A. 분석을 하였는데 점 1은 An60.1, 점 2는 An61.0, 점 3은 An62.4이다. 즉, 결정의 중앙에서 변두리로 갈수록 Ca는 감소하고 Na는 증가함을 의미하는 정상적인 은층상 분화 양상이다. 3점 모두 사장석의 고용체인 라브라도라이트에 해당된다.

경남 산청군 단성면, 청계계곡
직교니콜, 68배

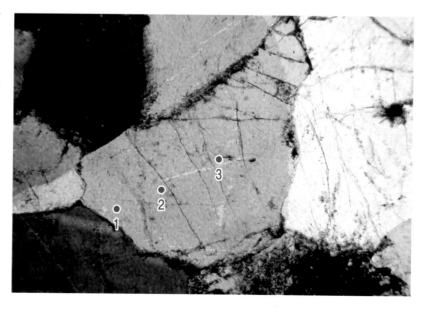

- **구상구조**(orbicular structure) 구(orbicule*)의 단면에서 보아 중심부에 있는 암편이나 조립질 광물을 중심으로 규장질 광물과 고철질 광물이 동심원을 형성한 구조로서 일종의 **구상층상구조**(orbicular layering structure*) 또는 구상호상구조(orbicular banded structure*)이다. 중심부의 암편은 포획암이나 동원포획암으로 결정핵소가 된다. 이러한 구조는 화강 섬록암이나 섬록암에서 주로 관찰된다. 구상구조는 액체상태의 마그마에서 이루어지는 정출로서, 결정핵소를 중심으로 점차 외곽으로 성장한 것이며, 마그마의 점성이 매우 높아 물질의 확산이 무척 느린 상황에서 결정핵소를 중심으로 주기적인 정출이 이루어진 것이다(Hatch 외, 1968).

우리나라의 상주군 운평리-승곡리 일대에는 구상 섬록암이 분포되어 있다. 구의 형태는 원형, 타원형 및 이들 상호 간 섭에 의한 불규칙 형태이며 분포도 일정하지 않다. 구의 크기는 4~21cm의 범위이며 구와 구 사이의 기질은 섬록암 성분이다. 구의 중심에서 외곽으로 갈수록 $Na_2O$와 $K_2O$는 증가하고 MgO와 CaO는 감소하며 사장석의 An 함량 역시 36에서 32로 감소한다. D. I.는 53에서 60으로 증가한다. 이러한 자료와 점이적인 변화는 앞에서 말한 구의 형성이 중심에서 외곽으로 성장함을 뒷받침하며 주기적층상과 은층상을 동시에 보여 준다(손치무 외, 1979).

- **볏층상조직**(cockscomb layering texture*) 닭의 볏 모양을 이룬 층상조직으로 명명된 조직명인데 빗살층상조직(comb layering texture*)이라고도 한다. 이 책에서는 빗살조직과 구별하기 위해서 층상을 추가하였다. 볏층상조직은 신장된 수지상 광물군이 층상조직을 이룬 것이다. 예를 들면 두 종류의 광물군이 각각 띠를 만들어 호층(주기적 층상)을 이루는데 수지상 광물은 장축 방향이 띠와 거의 수직으로 성장한 경우이다. 일명 'Willow lake layering'이라고도 한다. 이 조직은 앞에서 소개한 주기적층상의 성인과 같고 4장의 빗살조직과는 다르다.

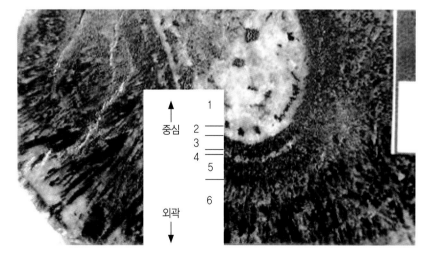

### 265 구상구조의 암석 단면

이 표품 사진은 구상암에 발달된 타원형 구상구조(구상층상구조)로서 장경 4.5cm, 단경 3cm이다. 구조의 중앙에서 외부로 (1) 중앙 섬록암, (2) 규장질 광물대, (3) 고철질 광물대, (4) 규장질 광물대, (5) 고철질 광물대, (6) 신장 집적암대로 나뉘며 이들은 동심원을 이룬다. 사진에는 나오지 않으나 구와 구 사이는 세립-중립질의 사장석, 각섬석으로 구성되어 있는 섬록암이다. 이 구상구조를 사진 265.1(광물대 1~3), 사진 265.2(광물대 3~5), 사진 265.3(광물대 6)으로 나누어 촬영하였다.

경북 상주시 낙동면 신영 일대
눈금자 2cm

## 265.1 광물대 1~3

단니콜 사진에 구상구조의 광물대 1~3까지의 경계가 빨간 선으로 표시되어 있다. 구조의 중앙부 섬록암(광물대 1)은 석영이 약 10%이고, 안데신 성분의 사장석이 정장석 함량의 약 2배인 석영 몬조섬록암에 해당된다. 석영 입자는 간극조직을 보인다. 중앙의 섬록암대는 구상구조와 아무런 구조적 연관성이 없다. 두 번째의 규장질 광물대(광물대 2)는 99%가 세립질 석영과 장석류(사장석, 정장석)로 구성되며 고철질 광물은 거의 없다. 이 광물대와 외곽에서 접한 세 번째의 고철질 광물대(광물대 3)는 미정질 보통각섬석이 60% 이상으로 갑자기 증가하고 그 외에 사장석과 정장석이 관찰된다. 입자들의 장축 방향이나 광물대 사이의 경계는 불규칙하다.

직교–단니콜. 34배

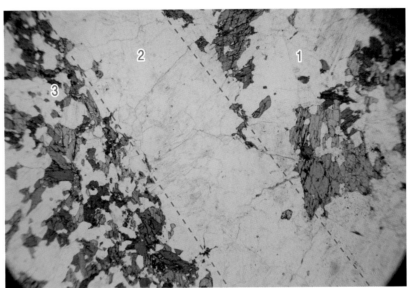

## 265.2 광물대 3~5

단니콜 사진에 빨간 선으로 경계를 표시한 구상구조의 고철질 광물대 3과 5 사이에는 규장질 광물대 4가 있는데 앞의 규장질 광물대 2보다 보통각섬석과 정장석의 양은 증가하고, 석영은 찾아보기 어렵다. 이 광물대는 구상구조 전체로 볼 때 부분적으로 단절되어 연속성이 광물대 2보다 못하다. 고철질 광물대 5가 되면 보통각섬석의 양이 증가하고 광물대의 경계와 직각 방향으로 성장한 보통각섬석이 조금씩 관찰된다. 5% 정도의 흑운모가 함유되어 있다.

직교-단니콜, 34배

### 265.3 광물대 6

가장 외곽의 여섯 번째 신장 집적암대가 되면 사진에서와 같이 거정의 보통각섬석이 광물대 5(사진의 I상한 쪽 밖에 있음)의 접선 방향에 거의 직각으로 성장되어 있다. 사진에서 측정한 대각선 입자의 크기는 약 3mm이다. 앞의 집적 암구조에서 소개한 바와 같이 이 구조는 집적된 광물이 화성층상구조(광물대의 경계)에 대략 직각으로 성장하기 때문에 형성된 것이다. 일정한 방향으로 거의 평행하게 분포된 흑운모가 보통각섬석과 사교한다. 장석류는 대부분 사장석이다.

직교-단니콜, 34배

### 266 볏층상조직의 층상구조

여러 조의 주기적층상구조가 형성되어 있다. 신장된 석영 입자는 장축 방향이 경계에 거의 수직이며 경계면에 따라서는 입방체 석영 입자가 관찰된다. 이 층상구조는 사진의 오른쪽에서 왼쪽으로 성장한 것이다. 빗살조직, 신장집적암조직, 그리고 주기적층상구조(6장 참고)가 결합된 형태가 볏층상조직이다.

직교니콜, 34배

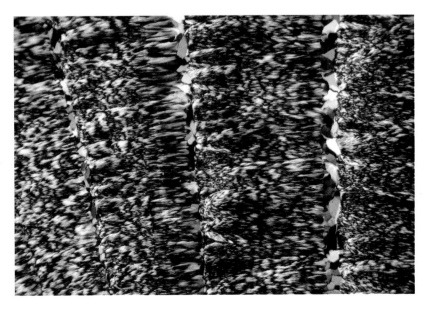

## 혼합마그마구조(magma mixing structure*)

둘 또는 그 이상의 마그마가 혼합될 때 성분의 불혼합으로 두 마그마가 독립적으로 정출하여 비조화적 광물상이 생기는 이 구조는 마그마의 혼합에 의한 것이다. 예를 들면 모암과 성분이 다른 염기성 포유물의 형성, 하나의 암체에 형성된 얼룩과 같은 불균질 구조, 그리고 고철질암에 형성된 규장질 복합 망상맥 등은 야외에서 관찰되는 현상이다. 현미경에 의해 관찰되는 혼합마그마구조는 사장석의 역전누대, 라파키비, 안티라파키비, 준맨틀조직과 같은 정상적인 정출순서로부터의 벗어남, 한 용암체 내 성분이 다른 사장석 반정의 형성, 휘석의 중앙보다 외곽의 반응연에 더 많은 Mg와 더 적은 Fe의 함유, 침상 인회석, 세포상조직의 형성, 각종 비정상적인 광환조직(석영이나 흑운모 주위의 각섬석 광환, 알칼리 장석 주위의 흑운모나 각섬석 광환)과 포유조직(보통각섬석 모광물 내 석영, 알칼리 장석 또는 흑운모나 사장석 포유광물) 등이 있다. 이 조직들 중 앞에서 설명하지 않은 구조나 조직을 소개한다.

### 염기성포유물구조(clot, enclave structure*)

특히 고철질 포유물로 구성되어 있을 때이다. 흔히 타원형을 이루며 장경의 크기는 수 센티미터부터 수십 센티미터에 달한다. 이 구조는 규장질 마그마가 고철질 마그마보다 훨씬 우세할 때 밝은 색 규장질 바탕에 어두운 고철질 광물이 포유된 상황이다. 때로는 고철질 포유물 내에 모암의 구성 광물이 포획되기도 한다. 포획암구조와 외형상 유사하나 고체상태와 액체상태가 만난 것(포획암 구조)과 액체상태와 액체상태가 만난 것(염기성 포유물구조)의 차이가 있다.

### 망상맥구조(net veined structure*)

두 마그마의 혼합에서 고철질 마그마가 월등히 우세할 때 규장질 마그마는 고철질 광물 집단 사이사이에서 정출하여 망상 형태의 맥을 형성한다. 망상 맥은 망상 암맥일 때도 있다.

이 구조는 또한 고철질 마그마에 규장질 마그마가 주입되거나, 둥근 베개 모양의 고철질 마그마 덩어리가 상대적으로 고철질 성분이 적은 마그마로 떨어져 쌓이면서 고철질 덩어리 사이사이에서 정출한 광물이 복합 망상 맥 또는 암맥을 이루어 형성되기도 한다.

### 오버이드구조(ovoid structure*)

오버이드는 입체적으로 달걀 모양을 의미하는데 현미경에서는 타원으로 보인다. 예를 들면 마그마의 혼합 과정에서 먼저 정출된 자형 결정이 잇달아 공급된 초기 마그마보다 온도가 높은 고철질 마그마에 의해 모서리가 용해되어 타원형 결정(오버이드)이 된다. 또는 오버이드 표면에 2차적으로 더 고철질인 광물이 중첩 성장하여 준맨틀조직이나 라파키비조직과 같은 반응연을 형성한다. 이 밖에도 오버이드 형태는 감람석 주위의 휘석 반응연(불일치화합물), 휘석이나 감람석 주위의 보통각섬석 반응연(각섬석화), 용식작용을 받은 각종 반정, 그리고 미세 포획물에서 관찰된다.

### 초세포상조직(super cellular texture*)

세포상조직의 변형으로 세포를 충전한 마그마가 과도하게 많고 모결정의 성분과 화합적일 때 모결정은 부분적으로 재용융되어 광물의 고유한 특징이 뭉개진다.

포획암 구조에서 포획물이 동화되고 남은 잔류물의 형태와 일부 혼합마그마구조의 형태가 매우 흡사하나 동화는 마그마에 의한 기존 암석의 변화이기 때문에 양자는 성인이 다르다. 기본적으로 동화는 균질한 방향으로의 변화이고, 혼합은 불균질한 방향으로의 변화이며, 이러한 차이는 노두에 잘 반영되어 있다. Hibbard(1995)는 두 마그마의 혼합이 확실하고 거시적이면 magma mingling이라 하고, 불확실한 결정 단위의 혼합은 magma mixing이라 하여 구별하였다. 이 책에서는 양자를 구별 없이 사용한다.

## 267 염기성 포유물구조

표품 사진이다. 포유물의 모암은 중색질 흑운모 화강암이고 사진의 아래쪽에 있는 타원형 초우흑질 포유물(장경 6cm, 화살표)은 대부분 흑운모와 보통각섬석이지만 소량의 규장질 광물도 포유물의 중앙에 함유되어 있다. 모암과 포유물의 경계는 점이적이거나 명료하기도 한데 굴곡이 심하다. 이 표품의 박편은 포유물의 비교적 명료한 경계(화살표 부근, 사진 267.1)와 규장질 광물을 포함한 중앙부(사진 267.2)를 선정하여 제작한 것이다.

대전광역시 동구 주산동 상촌
눈금자 2cm

## 267.1 포유물과 모암의 경계

주로 흑운모가 관찰되는 사진의 왼쪽은 포유물이고, 오른쪽은 모암이다. 모암의 구성 광물은 정장석, 사장석, 석영, 흑운모가 대부분이고 소량의 백운모가 관찰되며 장석류는 부분적으로 견운모화되어 있다. 포유물과 모암의 경계는 대단히 불규칙하여 경계를 설정하기가 어려울 정도이지만 모암과 접한 포유물의 흑운모가 조금씩 파쇄된 양상을 보이고, 설석이 경계에 따라서 혹은 흑운모 내 또는 흑운모와 흑운모 결정의 경계에 정출되어 있다(단니콜, 화살표). 경계 부근의 포유물과 모암 사이에 냉각대나 반응의 흔적이 없는 것은 포유물이 형성될 때 포유물과 모암의 온도 차가 크지 않음을 의미한다.

직교－단니콜, 34배

## 267.2 포유물의 중앙부

중앙부는 대부분 보통각섬석이고 흑운모, 사장석 및 설석도 소량 함유되어 있다. 포유물의 경계부에는 관찰되지 않는 보통각섬석이 중앙부에 농집되어 있다. 현미경의 다른 시야에서는 포유물 내 석영도 관찰된다. 석영과 사장석이 완전히 타형이고, 사장석 결정 주위는 과성장조직이 관찰된다. 사장석 내에 보통각섬석과 흑운모가 미세 포획물로 함유되어 있고 사장석이 보통각섬석의 간극에 포유된 것으로 보아 석영과 사장석은 모암의 구성 광물인 것으로 판단되며 동시에 포유물 형성 이후에 모암의 정출이 끝났음을 알 수 있다. 이러한 현상은 포유물의 중앙을 구성한 보통각섬석이 주변의 규장질 광물보다 정출온도가 높은 것과 관련 있는 것으로 보인다. 특히 규장질 마그마의 분화 말기에 정출되는 설석(단니콜 사진에서 화살표)이 보통각섬석과 흑운모를 교대한 것이 관찰된다. 이러한 현상 역시 소량의 고철질 마그마에 의한 포유물의 형성이 다량의 규장질 마그마(설석의 공급원)에 의한 모암의 정출보다 먼저임을 시사한다.

직교–단니콜, 34배

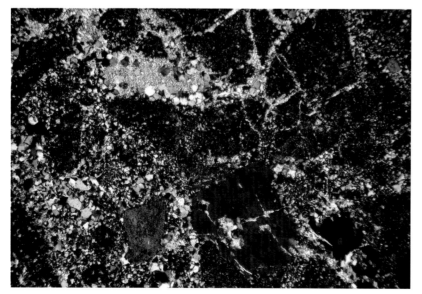

## 268 규장질 망상맥구조

어둡게 보이는 모암은 정장석과 석영을 반정으로, 은미정 또는 유리질을 석기로 한 유문암이다. 이 유문암이 고화되기 전에 규장질 후마그마가 주입되어 주로 석영과 장석으로 구성된 그물망 형태의 맥을 형성하였다. 망상 맥과 모암 사이가 점이적이고, 유문암 내에 반정이 아닌 미세한 석영 입자가 다량 함유되어 있으며, 망상 맥이 유문암을 열변질시킨 흔적이 전혀 관찰되지 않는 것은 유문암이 완전히 굳기 전에 새로운 마그마와 섞인 불혼합현상 때문이다.

충남 금산군 추부면, 서대산
직교니콜, 34배

## 269 방해석 망상맥조직

암회색 입자는 정장석이고 망상맥은 위상차가 큰 방해석이다. 정장석 입자의 크기로 보아 정장석은 거정암기에 정출된 광물이고, 잇따른 열수기 또는 기성기에 방해석 마그마가 주입되어 복잡한 방해석 망상맥구조를 형성하였다. 거정기 마그마와 열수기 마그마의 혼합 과정에서 불혼합현상을 이룬 것이다. 앞에서 소개했던 사진 186의 화산암 망상맥조직은 성분이 다른 두 마그마의 혼합 과정에서 이루어진 일종의 불혼합현상을 의미한다.

대구광역시 달성군 가창면, 달성광산
직교니콜, 34배

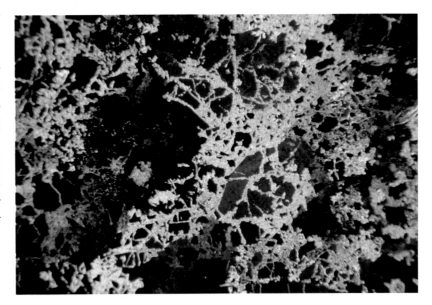

## 270 알칼리 장석 오버이드구조

적색 알칼리 장석 오버이드가 대부분인 알칼리 장석 화강암의 표품 사진이다. 오버이드 중에는 흑운모를 포유한 사장석 오버이드, 알칼리 장석 외곽에 사장석 반응연을 형성한 라파키비 오버이드, 흑운모가 밀집된 염기성 포유물 오버이드도 관찰된다. 전체적으로 알칼리 장석 이후에 유입된 좀 더 고온의 사장석 용액의 용융에 의한 오버이드가 대부분이다. 왼쪽 아래와 오른쪽 위에는 오버이드구조와 대조적으로 균질한 조립 완정질 알칼리 장석 화강암이 보인다.

산지 불명
길이 표시물 5cm

## 271 교대에 의한 오버이드구조

이 사진은 석영 섬장암을 구성한 정장석이다. 정장석은 심하게 견운모화되어 모서리가 없어지고 달걀 모양의 오버이드가 되었다. 견운모에 의한 교대는 이 섬장암을 형성한 마그마의 후마그마기에 작용한 것으로 보인다.

충남 서산시 인지면 차리
직교니콜, 68배

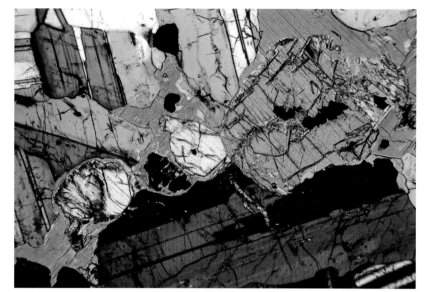

### 272 각섬석화와 오버이드구조

주로 라브라도라이트 사장석, 사방 및 단사휘석, 보통각섬석으로 구성된 반려암에서 보통각섬석 반응연으로 포위된 1° 회백색 휘석이 관찰된다. 휘석의 형태는 완전한 타형으로 보통각섬석으로 교대되는 과정에서 오버이드가 되었다. 오버이드구조에서는 중앙의 광물이 먼저 정출된 것이다.

대전광역시 동구 삼정동
직교니콜, 34배

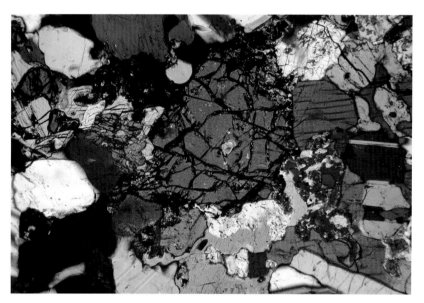

### 273 불일치화합물과 오버이드구조

반려암의 구성 광물인 적갈색 감람석이 시야의 중앙에 있다. 감람석은 주변 광물보다 양각이 높아 두드러져 보이고 불규칙한 깨어짐과 사문석으로 교대된 특징을 보인다. 감람석 주위는 휘석과 보통각섬석으로, 휘석은 다시 보통각섬석으로 둘러싸인 복합반응연조직을 보인다. 감람석은 휘석이 생성되는 용액과의 반응 과정에서 모서리가 용융되어 오버이드 형태가 되었으며, 이때의 휘석은 불일치화합물에 해당된다.

경남 산청군 산청읍 우사리
직교니콜, 34배

### 274 초세포상조직과 혼합마그마구조

안데신 성분의 사장석에 보통각섬석을 함유한 섬록암인데 대부분의 사장석이 사진에서와 같이 쌍정의 형태가 희미하게 남고 대부분 재용융(crystal dissolution*)된 상태이다. 이러한 현상은 사장석 내 세포상조직의 형성 과정에서 세포를 충전, 정출된 2차적 마그마의 양이 과도하게 많고 모결정의 성분과 화합적일 때 모결정이 재용융되어 본래의 구조적 특징이 없어진 것으로서 완전히 고화되기 전의 현상이다.

충북 청원군 현도면 죽전리 삼성골
직교니콜, 68배

## 마그마동화구조
### (magmatic assimilation structure)

혼합마그마가 마그마와 마그마의 관계라면 마그마 동화 또는 마그마 용해(magmatic dissolution*)는 암석과 마그마의 관계이다. 동화작용은 포획암이나 관입암과 접해 있는 모암이 관입한 마그마에 용융되어 섞이는 현상으로 이는 성분의 혼성화에 의해서 이루어진다. 이 작용은 마그마의 성분이 다양해지는 중요한 원인 중 하나이며 마그마가 광물의 정출온도 이상으로 과열(superheating*)되어 있을 때 지하 심부에서 이루어진다. 그러나 마그마는 대부분 암석을 충분히 동화시킬 만큼 과열되지 않기 때문에 혼성화 이후에도 모암의 잔류물이 남게 된다.

마그마가 과열되어 있어도 동화가 언제나 완전히 이루어지는 것은 아니다. 예를 들면, 온도가 낮은 화강암질 마그마(흑운모, 석영, 올리고클레스 등의 정출)가 상대적으로 정출온도가 높은 휘석, 라브라도라이트가 주 구성 광물인 반려암질암을 관입하였을 때 동화는 불완전할 수밖에 없다(사진 278). 반대로 화강암에 반려암질 마그마가 관입하였다면 동화는 쉽게 이루어진다. 이러한 경우, 사장석의 역전누대구조나 Bowen의 불연속반응계열의 순서에 역행하는 반응연조직이 형성된다. 일반적으로 퇴적암을 관입한 마그마보다 화성암을 관입한 마그마가 동화에 효과적이다.

동화의 과정에서 마그마와 암석 사이의 작용은 다음 다섯 가지(Hibbard, 1995)로 나뉘는데 이 중의 한 가지가 작용하거나 또는 다섯 가지 모두 작용될 수 있다. (1) 결정-용액의 접촉부에서 결정의 외곽이 주변 마그마에 의해 용융되는 현상으로 평형상태의 용융이다(조화용융). 용융된 성분의 새로운 결정은 정출되지 않는다. (2) 결정-용액의 접촉부에서 결정 외곽의 용융과 동시에 새로운 광물이 정출되는 작용이다(비조화용융). (3) 결정-용액의 접촉부에서 결정 외곽의 용융과 동시에 화학적 확산작용으로 성분이 변한 반응연조직(예 Na-사장석과 Ca-사장석 반응연)이 형성된 용융이다. (4) 결정-용액 양쪽에서 공급된 화학 성분으로 새로운 결정이 성장되는 용융이다. (5) 높은 열에너지가 집중되는 위치에서 광물의 외곽부터 용융되어 새로운 용액이 마그마에 공급되어 섞이는 작용으로서 직접용융이다. 위에 소개한 다섯 가지 동화작용의 결과, 형성되는 관련 조직을 소개하면 다음과 같다(괄호 안의 숫자는 앞에 소개한 해당 동화작용이다). 용식조직(1~5), 잔류상조직(4~5), 반응연조직(3).

이 밖에도 마그마의 동화에서 비롯된 구조에는 점이 접촉구조, 접촉부 변질구조, 각종 광환조직, 미세포획물조직, 미세맥조직 등이 있으며 혼염암에서도 이러한 조직들을 관찰할 수 있다(정지곤 등, 2011). 일부 과성장조직은 혼합마그마구조와 마그마동화구조에 모두 적용되나 성인적인 차이가 있다. 전자의 경우는 정출된 결정에, 후자는 잔류물에 과성장된 조직이다.

반려암을 관입한 규장질 심성암과의 접촉부에 형성된 동화현상은 다음과 같다.

- 휘석을 교대한 각섬석이 가상조직을 보인다.
- 관입암에서 공급한 K성분에 의해서 각섬석이 흑운모로 교대된다.
- 함철 광물은 설석으로, K-장석은 알바이트로 교대된다.
- 규장질 심성암 내에 흑운모의 집단, 입상 설석, 인회석 같은 반려암 기원 미세 포획물이 남는다.
- 반려암 내에 간극충전 석영이 많이 관찰된다.

## 275 마그마 동화(용해) 양상

우백 화강암에 포획된 흑운모 편암을 촬영한 야외 사진이다(동전 위치). 포획된 편암과의 경계에 따라 그리고 편암의 편리에 따라 화강암에 의한 동화 현상이 뚜렷이 관찰된다.

경기도 청평면 행현리, 삼거리 부근

## 276 마그마 동화기구

주로 사장석과 보통각섬석, 그리고 소량의 흑운모를 함유한 섬록암에 새로운 마그마가 주입되어 기존의 광물을 용해, 변질, 포획한 현상이다. 사진 중앙, 자형의 보통각섬석(아래 △표)을 포획한 1° 암회색 정장석은 새로운 마그마에서 주입된 것인데 오른쪽에 있는 기존의 사장석을 톱날 형태로 단순히 용식시켰다(흰 화살표, 조화용융). 이 정장석과 왼쪽의 사장석과의 접촉부에는 가는 띠와 같은 미르메카이트(노란 화살표)가 형성되고(비조화용융), 사장석 입자의 내부는 견운모로 변질되었다(본문 동화 과정 설명의 네 번째 현상). 사진 위쪽, 자형에 쌍정의 보통각섬석(위 △표)은 정장석이 관입하기 전에 공동이나 용융상태의 환경에서 정출되었음을 의미한다. 보통각섬석의 정장석에 의한 교대가 사장석에 비해 전혀 이루어지지 않은 점은 정장석-사장석보다 정장석-보통각섬석의 성분과 구조의 유사성이 크게 떨어지며, 보통각섬석의 정출온도가 정장석보다 높기 때문이다.

대전광역시 안영동 신봉
직교-단니콜, 34배

## 277  포획암과 마그마동화구조

표품 사진이며, 암회색 세립 흑운모 편암을 백색 우백 화강암이 관입하였다. 표시한 원 내에는 박편을 제작한 두 암석의 접촉부(사진 277.1)와 원의 오른쪽에 포획된 편암(사진 277.2)이 포함되어 있다. 육안으로 보아 원 내 두 암석의 경계는 명료하나 원 내 오른쪽 포획암을 포함해서 다른 부분의 경계는 점이적이다. 두 암석의 점이적인 접촉은 화강암화작용이 상당히 진행되었음을 의미한다.

대전광역시 대덕구 이현동 텃골
원의 지름 1.9cm

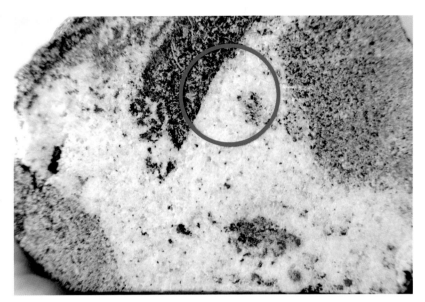

## 277.1  접촉부 양상

관입한 오른쪽의 우백 화강암은 편암과의 접촉부에서 입자가 작아지는 경향을 보이고 경계는 요철이 심하다. 화강암 관입의 영향으로 인해 편암은 경계에 따라 편암 내부로 평균 0.2mm 폭의 흑운모+보통각섬석대, 그 다음은 0.8mm 미만의 보통각섬석 밀집대, 그리고 정상적인 흑운모 편암으로 점이한다. 경계에 인접한 편암 쪽 보통각섬석 내에는 수많은 정장석 포유물(단니콜)과 소량의 흑운모 포유물이 함유되어 있는데 이는 화강암의 관입에 따른 보통각섬석의 재결정 과정에서 이루어진 것이다.

직교-단니콜, 34배

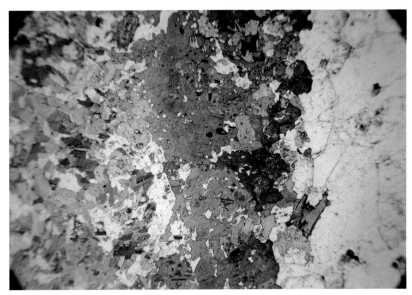

## 277.2 포획암의 관찰

포획된 편암은 대부분 보통각섬석과 소량의 흑운모로 구성되어 있으며 심한 변질을 받았다. 포획암을 구성한 보통각섬석은 모암의 관입으로 이곳저곳에 분리되어 흩어져 있으며(단니콜) 모암과 접촉된 보통각섬석은 심한 용식작용을 받았다. 보통각섬석이 밀집된 부분은 자형 또는 반자형의 보통각섬석이 다각경계조직(빨간 원)을 보이는데 이는 모암에 의해 재결정된 것임을 의미한다. 흑운모와 석영은 보통각섬석의 입자 사이 또는 입자 내에 작은 물방울같이 함유되어 있다. 이상 소개한 현상들은 편암이 화강암에 포획된 이후에 화강암질 마그마의 동화작용에 의한 것으로 본다.

직교-단니콜, 34배

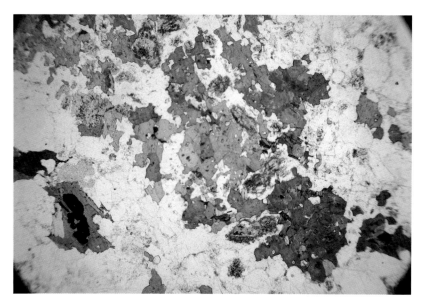

## 278 잔류된 사방휘석

이 사진은 혼성암(사진 284)의 박편(사진 284.1)에서 촬영한 것이다. 고철질 광물로는 흑운모가 유일하게 함유된 세립 흑운모 화강암 내에 사방휘석이 단일 입자(사진의 중앙, 높은 복굴절 광물)로 또는 여러 개의 입자군으로 포획되어 있으며 석영 또는 정장석에 의해 용식된 것이 관찰된다. 사방휘석 잔류물은 변성 반려암에서 기원한 것으로 화강암의 미세 포획물인데 사방휘석의 용융온도가 높아 용식으로 끝나고 잔존된 것이다.

경남 거창읍 상림리, 전계정 부근
직교–단니콜, 68배

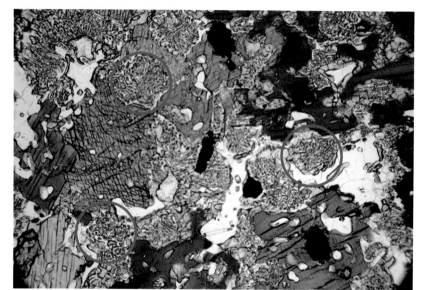

## 279 마그마 동화작용과 만형상조직

관찰되는 대표적 광물은 석영, 보통각섬석(포유조직의 모광물), 미르메카이트(단니콜, 빨간원)이다. 이들 세 광물은 각각 다른 시기의 마그마에서 정출한 것으로 보인다. 그 이유는 석영과 보통각섬석이 미르메카이트의 용식에 의해서 수많은 만형상조직을 보이므로 미르메카이트는 최종 산물이고, 보통각섬석 내에 석영이 함유된 포유조직의 형성은 보통각섬석 이전의 석영의 존재를 말해 주기 때문이다. 이 단계에서 암석은 보통각섬암이라 부를 만큼 보통각섬석이 많이 정출되었다. 배율을 높여(대물렌즈 40배) 미르메카이트를 보면 연충상 미르메카이트의 연충과 연충 사이에 사장석과 석영의 잔류물이 관찰된다. 이로 보아 최종 마그마 작용은 기존의 석영과 사장석을 재용융시켜 다량의 미르메카이트를 정출시켰고, 이어서 기존의 광물을 용식시켜 만형상조직을 형성하였음을 알 수 있다. 따라서 마그마 동화는 보통각섬석으로의 동화와 미르메카이트로의 동화이다.

경남 산청읍 내수리
직교-단니콜, 68배

## 280 마그마 동화구조(화산암)

모암에서 반정은 관찰되지 않고 석기만 있는데 석기는 마이크롤라이트 사장석과 불투명 광물로 구성된 현무암이다. 여기에 규장질 마그마가 관입하여 화강암화 시켰으며 그후 미정질 녹렴석 변질을 받았는데, 이 광물은 현무암에는 많지 않고 중앙의 화강암화된 부분과 그 주변에 집중적으로 분포되어 있다. 단니콜에서 녹렴석은 수많은 미정질 독립 결정으로 되어 있고 약한 연두색 다색성을 띤다. 이러한 양상은 녹렴석의 정출이 규장질 마그마의 관입과 관련 있는 것으로 보인다. 화강암-녹렴석-현무암의 경계는 매우 점이적이다. 화강암의 구성 광물은 주로 석영과 정장석이다.

충남 태안군 남면 은골
직교-단니콜, 34배

## 281 마그마 동화작용과 세포상 용식

중앙에 보이는 한 방향의 대각선 쪼개짐과 황색을 띠는 광물은 섬록암에 함유된 보통각섬석이다. 이 광물의 내부와 변두리는 심한 용식을 받아(단니콜 사진) 마치 세포상조직과 같아 보인다. 용식된 부분은 보통각섬석이 사장석과 정장석으로 교대되어 있으며 이 교대는 2차적인 마그마작용에 의한 것으로 보인다. 단니콜에서 보면 보통각섬석의 주변 광물(특히 Ⅱ-Ⅲ 상한)과 보통각섬석 내부의 용식된 부분은 동일한 광물이다.

대전광역시 안영동 신봉
직교-단니콜, 68배

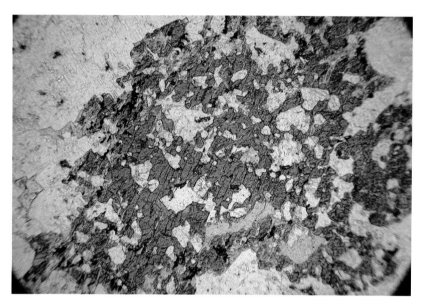

## 마그마주입구조(magma injection structure)

혼성암의 성인은 마그마의 주입, 부분용융, 교대작용, 변성분화와 같은 화성 및 변성기원에 의한다. 마그마 주입은 변성암 지역에 관입한 마그마로부터 유래되거나 부분용융에 의해 국지적으로 유입된 용융체가 결정화되어 형성된다.

### 층상주입구조(lit-par-lit injection structure)

일부 정출된 결정을 함유한 마그마나 액상 마그마가 강한 압력으로 인접한 암석의 엽리에 따라 주입되면 변성암 부분과 화성암 부분이 호층을 이루는 층상주입구조가 된다.

여기에 소개한 층상구조의 암석은 산청군 산청읍 부근의 것으로 이 지역에는 회장암과 편암이 접해 있다. 접촉부로부터 편암 쪽으로 약 70m까지 편리에 따라 회장암 물질이 주입되어 마치 퍼사이트조직을 육안으로 보는 듯한데 이는 마그마의 주입에 의해 형성된 층상주입구조의 혼성암이다.

### 각력혼성암주입구조(agmatitic injection structure)

엽리가 발달되지 않은 괴상의 변성암체에 화성암이 관입하면 균열에 따라 마그마가 주입되어 괴상암체를 각력암 형태로 쪼개 각력상 주입구조를 만들며, 이렇게 형성된 혼성암을 각력 혼성암이라 한다.

### 282 마그마 층상주입구조

야외 사진이며, 투각섬석 편암(암회색)을 관입한 회장암(우백색)이 암괴의 사진과 같이 편암의 편리에 따라 주입된 현상을 확인할 수 있다. 부분적으로 회장암화된 편암 띠는 연속성이 끊어지며 회장암에 포획된 것도 관찰된다. 육안으로 보아 두 암석 사이의 경계는 명료하다. 박편(사진 282.1)은 두 암석의 경계가 보이도록 제작하였다(빨간 원 부분).

경남 산청군 산청읍 송경리
눈금자 2cm

## 282.1 주입 회장암과 투각섬석 편암의 경계

사진의 양쪽 암석은 투각섬석 편암이고 쐐기형 중앙부는 주로 사장석으로 구성된 회장암이다. 편암의 편리에 따라 관입한 회장암맥의 폭은 일정하지 않으며, 경계에 따라 섬유상 또는 침상의 투각섬석이 회장암맥의 벽에 직각으로 정출되어 있고, 일부 편암은 회장암맥에 포획되어 있다(노란 원). 접촉부에 따라 편암의 구성 광물이 파괴되어 세립질이 되고, 편암 쪽 접촉부에 변질의 흔적이 있으며(단니콜), 포획된 편암이 관찰되는 것으로 보아 회장암은 강한 압력으로 주입된 것으로 보인다. 또한 접촉부에 따라 정출된 섬유상 또는 침상 투각섬석은 회장암의 주입 이후 전반적인 변성작용에 의해 형성된 것으로 보인다.

직교−단니콜, 34배

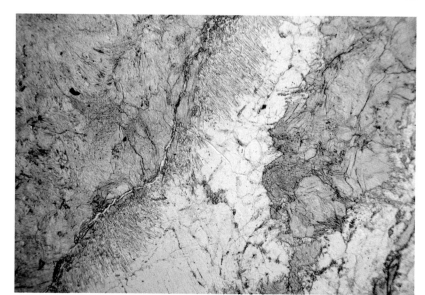

## 283 마그마 층상주입구조

표품 사진이며, 흑색 판암(사진의 왼쪽)의 쪼개짐에 따라 우백색 세립 규장질암이 관입한 암편이다. 규장질암 내에는 판암의 쪼개짐 방향에 따라 길게 신장된 판암 포획물이 잔존되어 있으며 두 암석의 경계는 점이적이다. 사진 283.1은 두 암석의 경계이다(노란 원).

충남 금산군 복수면 구례리 저귀말
눈금자 2cm

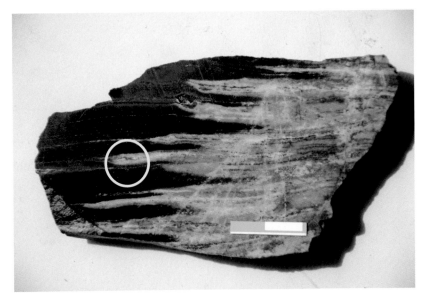

## 283.1 주입 규장질암과 판암의 경계

직교니콜과 단니콜 모두에서 사진 중앙부의 약간 밝게 보이는 부분이 규장질암이고 그 위와 아래는 판암이다. 판암을 구성한 입자는 은미정질이고 판암에 주입된 규장질암은 미정질 또는 은미정질이다. 두 암석의 경계는 실물 사진과는 달리 대단히 점이적이고, 두 암석 모두 다량의 녹렴석에 소량의 녹니석, 방해석 등이 함유된 것으로 보아 관입 이후에 변질된 것으로 보인다. 판암이 상대적으로 어둡게 보이는 이유는 입자가 작고 유기물이 산재되어 있기 때문이며, 규장질암 부분은 입자가 약간 크고 유기물이 관찰되지 않아 밝게 보인다. 단니콜에서 보면 불투명 광물이 1차적 층리에 나란히 배열되어 있다.

직교-단니콜, 34배

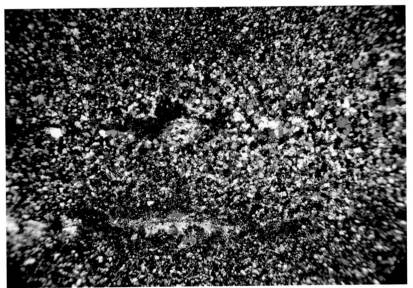

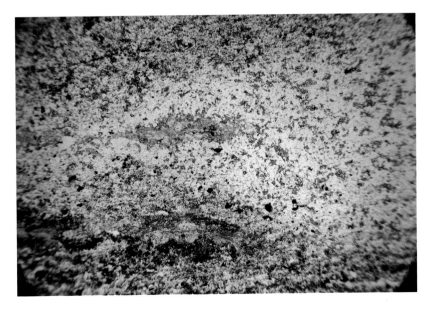

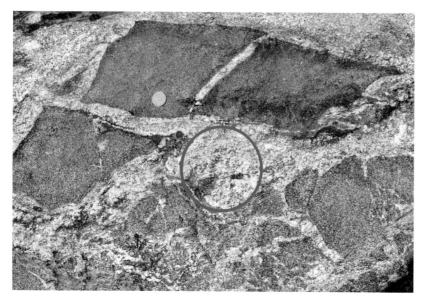

## 284 각력혼성암주입구조

야외 사진이며, 우흑질 괴상 변성 반려암의 균열에 따라 화강암질 마그마가 관입하여 각력혼성암을 형성하였다. 화강암질암 내에는 변성 반려암 포획물이 여러 곳에서 관찰되며 사진 아래 부분에는 변성 반려암이 일부 화강암화된 것도 있다. 화강암화된 부분을 박편으로 제작하였다(빨간 원, 사진 284.1).

경남 거창읍 상림리, 진계정 부근

## 284.1 변성 반려암의 잔류 포획물

오른쪽의 관입암은 전형적인 세립 흑운모 화강암으로 고철질 광물은 흑운모가 유일하다. 현미경 시야의 곳곳에 고립된 단일 단사휘석이나 단사휘석 입자 집단, 그리고 드물게는 보통각섬석이 관찰되는데 이 광물들은 용융온도가 높아 화강암의 관입에 일부 동화되고 남은 변성 반려암의 포획된 잔류물이다. 잔류 광물은 석영이나 정장석에 의해 용식된 현상이 뚜렷하고 화강암의 구성 광물인 석영 내에 포획된 것도 있다. 관입 화강암의 일부는 변성 반려암의 깨어짐에 따라 주입되고, 일부는 화강암화에 의한 교대작용으로 두 암석이 혼재되어 있는 혼성암이다.

직교-단니콜, 68배

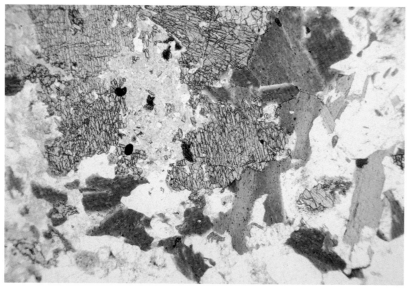

# 7장 조직의 분석

## 일반적인 정출순서

오래전에 Rosenbusch는 광물의 정출순서를 정리하여 'Rosenbusch Rule'이라 하였다. 그러나 현재는 이 정리가 기초적이며 모든 지질 현상에 적용되는 것은 아니기 때문에 이 원칙의 적용에는 예외적 현상의 주의가 필요하다.

(1) 한 종류의 광물 입자들이 다른 광물 입자를 포위할 때 중앙에 포위된 입자가 먼저 정출된 것이다(예 구과상조직, 광환조직 등). 그러나 후기의 광물이 오히려 전기의 광물에 의해 포위될 수도 있다(예 용리조직, 행인상조직 등).

(2) 암석이 크기가 매우 다른 두 종류의 입자로 되어 있을 때 큰 입자의 광물이 먼저 정출된 것이다(예 반상조직). 그러나 포유조직은 이와 반대이다.

(3) 자형의 광물은 타형의 광물보다 먼저 정출된 것이다. 용액에서 조기에 정출된 광물은 방해 없이 성장하여 자형을 이루지만(예 반상조직의 반정), 후기의 광물은 조기 광물의 결정 사이에서 정출하여 반자형 또는 타형을 이룬다(예 간극조직). 그러나 인회석, 설석과 같이 후기에 정출된 부성분 광물은 이들 광물을 이루는 특정 성분이 농집된 잔류용액에서 정출되기 때문에 자형을 이룬다.

## 조직의 시간과 공간개념

지질 현상의 이해는 시간과 공간의 개념을 염두에 두고 고찰하여야 한다. 시간은 암석 또는 광물 단위의 선후 관계를 말하고, 공간은 이들이 현재 점유한 위치가 처음부터 빈 공간이었는지, 다른 광물이 있던 자리를 교대한 것인지, 아니면 용융 상태이었는지를 의미한다. 예를 들면, 그림 20은 A, B 두 광물에 대한 선후 관계와 점유 위치를 비교한 것이다. 자형결정 A는 반상조직의 반정을 의미한다. 결정 A가 자형을 이룰 수 있는 이유는 용융상태에서 정출하여 성장에 방해를 받지 않

는 여건이기 때문이다. 당연히 A는 B보다 먼저 정출하였다. 타형결정 A'는 결정의 형태로 보아 이미 정출된 결정 B'의 결정면에 둘러싸인 틈새에서 정출한 것으로 간극조직을 의미한다. 이 경우 A'는 B'보다 후기에 정출하였다.

그림 21은 그림 20과 유사한 자연계의 실례이다. 자형의 석영과 석영의 결정면 사이를 충전한 방해석(위상차가 큰 간섭색)의 선후 관계가 선명하게 나타난다. 타형의 방해석은 자형의 석영보다 후기에 정출된 광물이다.

## 정출순서의 표현

광물의 정출순서는 그림 22와 같이 세 가지 경우로 나눌 수 있다.

(1) 동시성(simultaneity*) 정출은 용액에서 두 광물의 정출이 동시에 시작하여 동시에 끝났음을 의미한다. 이러한 현상은 자연계에서 드문 일이지만 이어서 소개하는 다른 현상의 시간차에 비해 매우 짧은 시간차를 상대적으로 표현한 것이다. 미문상조직의 두 광물에 해당된다.

(2) 중복성(overlap) 정출은 광물들이 선후 관계에 있지만 정출 과정에서 일부가 중복되는 경우이다. 부분적 동시라 할 수 있다. 미르메카이트에서 정출이 완료되지 않은 사장석의 결정 변두리에 사장석과 석영이 연정을 이룬 경우, 또는 퍼사이트에서 미사장석의 정출이 먼저 시작되고 온도가 내려감에 따라 사장석이 출현되는 경우는 중복성에 해당된다.

(3) 연속성(sucessive*) 정출은 한 광물의 정출이 완전히 끝난 후에 다른 광물이 정출된 경우이다. 교대에 의한 모든 조직에서 교대한 광물과 교대받은 광물 사이 또는 공간을 형성한 광물과 그 공간을 충전한 광물 사이의 시간대는 연속적이다.

그림 22에서 시간을 표현한 실선의 길이는 다분히 상대적이며 도식적이다. 동시성 정출에서 두 실선의 길이는 더 길 수도, 더 짧을 수도 있지만 단지 동시에 정출된 것만을 나타낸

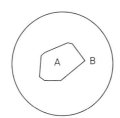 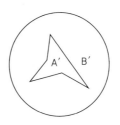

그림 20. 자형결정 A와 타형결정 A', 그리고 이와 접한 결정 B와 B'. 이 조직의 해석에 시간과 공간 개념을 염두에 두자.

그림 21.
결정면의 발달과 광물 정출의 선후관계. 이 암석은 규장질 마그마의 분화 말기에 정출된 전기석, 석영, 방해석, 불투명 광물 등으로 구성된다. 이 사진의 I상한에 있는 암회색 간섭색의 자형 또는 반자형의 석영(△표)은 정출순서가 그림 20의 광물 A와 같고, 중앙의 위상차가 큰 방해석(×표)은 그림 20의 광물 B나 A′와 같다(직교니콜, 34배).

다. 중복성에서는 광물 1의 정출 과정에서 어느 시기에 광물 2의 정출이 시작되었는지 명백하지 않다. 다만 광물 1의 정출이 끝나기 전에 광물 2의 정출이 시작되었음을 나타낸다. 이 경우 ?_____? 또는 ...._____....의 표현 방법도 쓰인다. 연속성의 경우, 반응연조직에서와 같이 교대와 동시에 다른 광물이 되기도 하지만 포유조직이나 공동충전조직은 상대적으로 상당한 시간이 경과한 후 제2의 광물이 생성된다. 그림의 연속성은 선후관계만 나타낼 뿐이다.

## 정출순서와 조직의 분류

1장에서 6장까지 소개한 모든 조직과 구조를 그림 22의 기준에 따라 분류하였다. 조직 중에는 동시성이면서 중복성인 것이 있다. 이러한 조직은 조직의 설명문 끝에 화살표로 또 다른 성격의 조직임을 표시하였다. 아래 조직에 해당되는 설명과 사진은 색인에서 찾을 수 있다.

### 동시성 조직

- 단순경계조직  두 광물의 접촉 경계가 직선 또는 곡선으로 되어 있으며 그 경계로 인해 선후관계를 지시하는 증거는 없다(동의어 : 등립상조직, 봉합상연정조직, 다각경계조직).
- (미)문상조직  (미)문상 연정을 이룬 두 광물은 동시성이다(동의어 : 준미문상조직, 방사상연정조직).

그림 22.
도식적으로 나타낸 광물의 선후관계 세 가지

- 미르메카이트조직  연정을 이룬 사장석과 석영은 동시성이다(→ 중복성 조직).
- 퍼사이트조직  두 광물(알칼리 장석-사장석)의 정출 시기를 큰 시간차(ⓒ 교대조직, 공동충전조직)로 보면 동시적이다(→ 연속성 조직)(동의어 : 안티퍼사이트, 장엽상-수적상연정조직, 미세퍼사이트조직, 은미정퍼사이트조직).
- 심플렉타이트조직  연충상 연정을 이룬 두 광물은 동시성이다(→ 중복성 조직).

- 동질분출물조직(초생암편조직)  동일 마그마에 의한, 또는 동일 시기의 폭발에 의한 화쇄류와 테푸라는 동시성이다 (→연속성 조직).
- 취반상조직  이 조직의 취반정을 구성한 입자들은 동시성이다(→ 연속성 조직).
- 세포상조직  세포를 함유한 모결정과 세포의 생성 시기는 동시성이다(동의어 : 모난세포상조직, 스펀지세포상조직, 장엽세포상조직).

## 중복성 조직

- 세리에이트조직  크기가 다른 입자들은 정출 과정에서 조금씩 중복된다(→ 연속성 조직).
- 조면암조직  반정과 유동광물의 정출 시기는 중복될 가능성이 있다(→ 연속성 조직).
- 미르메카이트 조직  중심의 사장석과 변두리에서 연정을 이룬 사장석과 석영은 중복성이다(→ 동시성 조직).
- 시너시스반상조직  최초의 세립 반정의 정출 말기와 최종의 조립 반정의 정출 초기는 중복성이다(→ 연속성 조직).
- 심플렉타이트연정조직  중심의 광물과 변두리의 연충상 연정을 이룬 광물(중심의 광물과 다름)은 중복성이다(→ 동시성 조직).
- 집적암구조  집적광물의 과성장, 누대성장의 시기와 간극 결정의 정출 시기는 서로 중복된다(→ 연속성 조직)[(동의어 : 정집적암, 첨가집적암, 중간집적암, 신장집적암조직 (할리사이트조직)].
- 염기성포유물구조  규장질 모암에 고철질 포유물이 함유된 것으로 포유물의 형성은 모암의 형성과 중복된다(→ 연속성 조직).

## 연속성 조직

- 초기결정조직  유리질 석기에서 초기결정은 유리가 굳기 전에 먼저 생성된다. 유리 석기에 반정이 먼저 정출하는 것과 같다.
- 진주상균열조직  균열은 유리질 용암류가 굳은 후 냉각 과정에서 생성된다.
- 골격상조직  골격상 광물은 일종의 반정이므로 석기보다 먼저 정출한다(동의어 : 수지상조직).
- 만형상조직  용식에 의한 만형은 광물이 정출된 이후에 이루어지는 현상이다.
- 평행성장조직(평행연정조직)  결정축이 평행하게 연정을 이룬 결정의 골과 골 사이에 다른 광물이 정출한 것이므로

연정을 이룬 결정이 전기의 것이다(동의어 : 망상조직).
- 가상조직  원래의 광물을 교대한 새로운 광물이 후기의 것이다(동의어 : 준가상조직).
- 잔류상조직  잔류된 광물이 교대한 광물보다 전기의 것이다.
- 세리에이트조직  유리질 석기가 있는 이 조직에서 모든 결정은 반정이 되며 일반적으로 큰 입자가 작은 입자보다 먼저 정출된다(→ 중복성 조직).
- 반상조직  반정과 석기의 관계로서 반정이 먼저 정출된다 [동의어 : 단절조직(이분·삼분 비등립상조직), 취반상조직(→ 동시성 조직), 미반상조직, 유리질반상조직, 유리결정질조직(준결정질조직), 시너시스반상조직(→ 중복성 조직), 오셀라조직].
- 포유조직  모결정은 포유결정보다 후기의 것이다(동의어 : 오피틱조직, 준오피틱조직, 포이킬로피틱조직, 오피모틀조직).
- 간극조직  공극에서 정출한 광물이 후기의 것이다(동의어 : 충간상조직, 유리질오피틱조직, 입간조직, 휘록암조직, 교직조직, 유리기류정질조직).
- 세포상조직  조립질 모결정은 결정 내의 세포상 공극을 충전한 입자보다 전기의 것이다(→ 동시성 조직)(동의어 : 모난세포상조직, 스펀지세포상조직, 장엽세포상조직).
- 유동구조(관입암)  관입암의 접촉 경계에 따라 평행하게 배열된 광물(유동광물)은 마그마에서 먼저 정출한 것이다.
- 조면암조직  일정한 방향으로 암석 전체에 배열된 유동광물이 석기보다는 전기, 반정보다는 후기의 것이다(→ 중복성 조직)(동의어 : 조면암질조직).
- 퍼사이트조직  높은 온도에서 정출된 광물(예 알칼리 장석) 과 상대적으로 낮은 온도에서 용리된 광물(예 사장석)은 미세한 시간 차의 개념으로 보아 연속성이다(→ 동시성 조직) (동의어 : 안티퍼사이트, 미세퍼사이트, 은미정퍼사이트, 장엽상·수적상연정조직).
- 구과상조직  구과는 용융상태에서 먼저 형성되었으며 구과를 구성한 광물은 구과의 중심에서 외곽으로 방사상으로서 성장하였다(동의어 : 구과현무암조직).
- 용암구조  용암에서 동심원 입자의 조합으로 이루어진 이 조직은 중심에 가까운 입자일수록 먼저 형성된 것이다.
- 수지상과성장조직  반정 주변의 침상 미정질 결정은 반정보다 후기, 석기보다 전기의 것이다.
- 광환조직(맨틀조직, 반응연조직, 반응광환조직)  중심의 결정이 가장 먼저 정출되고 이를 둘러싼 반응광물은 외곽으로

갈수록 후기의 것이다(동의어 : 동질광환조직, 복합광환조직, 라파키비조직, 안티라파키비조직, 켈리피틱조직, 우랄라이트조직).

- 준광환조직 먼저 정출된 광물이 외곽으로 밀려나는 현상으로 정출순서는 광환조직과 반대이다.
- 정상누대조직(점진성누대조직) 결정의 중심에서 외곽으로 갈수록 An 함량이 낮은 후기의 것이다.
- 역전누대조직 정상누대조직과 반대이다.
- 공동조직 광물은 기공, 정동, 공동의 벽으로부터 내부로 정출된다[동의어 : 행인상조직(공극·복합행인상조직), 정동구조(마이아롤리틱), 빗살조직].
- 화성쇄설성분급구조 성층을 이룬 구조에서 아래층이 먼저 퇴적하였다.
- 동질분출물조직(초생암편조직) 테푸라의 구성물 중 화산 폭발 전 마그마에서 정출된 결정은 화쇄류보다 먼저이다(→ 동시성 조직).
- 석질응회암조직 유리질 화성쇄설물보다 결정질 입자가 먼저 정출된 것이다.
- 두상구조 화성쇄설암에서 점토구(부착화산력)는 중심의 암편이 이에 부착된 점토구 사이의 화산회보다 먼저 생성되었다.
- 유리피막결정조직 중심의 결정이 외부의 유리질 피막보다 전기이다.
- 이질분출물조직 당해 폭발 분출물은 기존 분출물보다 후기이다.
- 타원구과상조직 피아메를 탈유리화시켜 형성된 조직으로 타원형 구과의 외곽이 먼저 탈유리화(정출)된 것이다.
- 화성쇄설암구조 피아메의 중앙에 남아 있는 공동이나 이곳을 채운 옥수는 탈유리화된 주변보다 전기의 것이다.
- 관입구조 관입한 암체, 암맥, 맥이 모암보다 후기이다(동의어 : 미세맥조직).
- 포획암구조 포획물은 이를 포획한 암체보다 전기의 것이다(동의어 : 동원포획암구조, 이질포획암구조, 미세포획물조직).
- 냉각대구조 마그마 전체에서 제일 먼저 고화된 세립질암이다.
- 열수각력구조 각력은 그 사이의 충전 입자보다 먼저 생성되었다.
- 열수침전구조 열수에 의한 침전은 열린공간에서 이루어지므로 공간의 벽에서 내부로 정출이 진행된다.
- 열수변질조직 견운모화, 녹니석화, 사문석화 등 열수변질

은 모암보다 후기이다.

- 팔라고나이트조직 수중반응조직으로 산화된 광물의 테두리가 중앙보다 후기이다.
- 집적암조직 집적광물은 간극결정보다 전기의 것이다(→ 중복성 조직)(동의어 : 정집적암조직, 첨가집적암조직, 중간집적암조직, 불균질집적암조직, 신장집적암조직).
- 주기적층상구조 중복층상구조를 보일 때는 하위의 층이 전기의 것이다.
- 은층상구조 사장석의 Na/Ca 값, 감람석과 휘석의 Fe/Mg 값이 클수록 분화가 진행된 후기이다.
- 구상구조(구상층상구조, 구상호상구조) 하나의 구(球)는 용융상태에서 먼저 형성되었으며 구를 구성한 광물은 구의 중심에서 외곽으로 성장하였다.
- 볏층상조직 하위의 층상 광물군이 상위의 그것보다 전기의 것이다.
- 망상맥구조 규장질 망상맥 또는 암맥이 고철질 모암 또는 광물 집단보다 후기에 생성되었다.
- 오버이드구조 여러 원인으로 형성되는 오버이드는 2차적으로 이루어진 형태이다.
- 초세포상조직 세포를 충전, 정출된 결정은 모결정보다 후기이다.
- 마그마동화(용해)구조 용융작용, 용해작용, 용식작용, 동화작용 등은 새로운 마그마에 의한 2차적 작용이다.
- 마그마주입구조 층상주입 또는 각력상주입된 화성암질암은 변성암보다 후기이다.

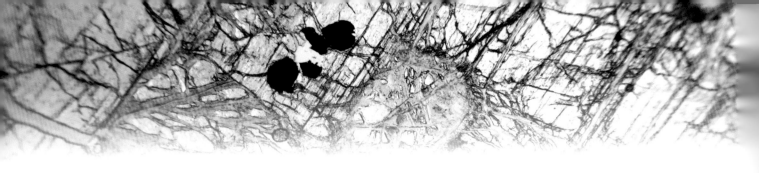

# [부록] 광물의 정출순서

단일 광물 또는 광물의 조합이 이루는 많은 조직을 앞에서 살펴보았다. 암석은 광물의 조합이기 때문에 하나의 암석에도 여러 종류의 조직이 서로 얽혀 있다. 따라서 여러 종류의 광물로 되어 있는 경우, 이들의 정출순서를 밝히기 위해서는 숨겨져 있는 조직들을 모두 찾아내어 조직 하나하나를 정확히 해석한 후에 이들을 통합하여야 관련 광물들의 선후 관계가 파악된다.

구성 광물의 선후 관계를 파악하는 요령을 터득하기 위하여 16개의 현미경 사진을 예시로 소개하고 각 예시에 대한 관찰의 핵심을 설명하였다. 그리고 앞의 각 예시에서 나온 구성 광물의 정출순서를 그림 22에서 설명한 방법으로 이후에 나타내었으며 선후 관계를 밝혀야 할 주요한 조암광물만 '관찰 대상'으로 소개하였다. 선후 관계의 규명은 반드시 인용한 조직의 증거가 뒷받침되어야 한다.

## 연습 문제

### 예시 01

거정의 갈색 갈렴석에 석영(백색과 소광상태) 미세맥이 접해 있는데, 갈렴석 미세 포획물이 석영 내에서(×표), 석영 포유물이 갈렴석 내에서(△표) 관찰된다. 포유물 석영과 미세맥 석영은 동시에 소광됨을 볼 수 있다.

관찰 대상 : 포유물 석영, 미세맥 석영, 갈렴석 포획물
직교니콜, 34배

### 예시 02

시야에 큰 석영 결정 2개가 Ⅱ-Ⅳ상한에 걸쳐 있다. 두 석영 결정은 정장석 세맥으로 분리되며(화살표) 석영의 주위는 모두 정장석으로 포위되어 있다. Ⅳ상한의 석영 내에는 1° 암회색 정장석이 함유되어 있는데(△표) 이 정장석은 오른쪽 상단에서 접한 정장석(▲표)과 소광위치가 동일하다. 또한 화살표로 표시한 정장석 내에 석영 미세 포획물이 관찰된다.

관찰 대상 : 세맥상 정장석, 정장석 포유물, 석영 주위 정장석, 석영
직교니콜, 34배

**예시** **03**

직교니콜에서 사장석 결정으로 둘러싸인 공간에 갈색 보통각섬석과 녹청색 소다 각섬석 반응연이 정출되어 있다. 이 공간의 오른쪽 끝에는 역시 소다 각섬석의 반응연으로 둘러싸인 작은 입자의 정장석이 관찰된다(빨간 화살표). 아래쪽 흑색 화살표 부근에 정장석이 접촉부에 따라 탈색 및 변질되고, 왼쪽에는 소다 각섬석이 사장석 내에 점점이 산재되어 있다. 사진 위쪽 사장석과 오른쪽에서 접한 정장석 사이에 일부 소광상태인 미르메카이트가 관찰되는데 이 부분은 단니콜에서 확대시켰다. 단니콜에서 왼쪽 아래에 진한 녹색 다색성을 보이는 소다 각섬석과 이것의 오른쪽 위 연장에 연충상 미르메카이트가 관찰된다(빨간 원). 미르메카이트의 오른쪽은 정장석, 왼쪽은 사장석이다.

관찰 대상 : 보통각섬석, 소다 각섬석, 사장석, 정장석,
　　　　　　미르메카이트, 변질대
직교니콜, 68배
단니콜, 136배

**예시** **04**

조립질 전기석 화강암(사진의 윗부분)이 후마그마 작용을 받았다. 간섭색 1°에 해당되는 암회색 또는 회색 자형 광물은 모두 석영이고, 위상차가 매우 높아 알록달록하게 보이는 광물은 방해석이며, 주상에 수지상 광택을 보이는 광물은 전기석이다(사진 오른쪽). 방해석과 석영의 경계에 6각, 자형의 인회석(빨간 원)이 보인다. Ⅳ상한, 반자형의 석영은 전기석을 절단하고 포획 및 용식한 것이 관찰된다.

관찰 대상 : 석영, 방해석, 전기석, 인회석
단니콜, 34배

반정은 관찰되지 않으나 바탕의 대부분이 마이크롤라이트 사장석으로 이루어진 현무암이다. 사진에서 보는 구조는 중앙에 여러 개의 입자로 된 암회색 정장석, 장축 방향이 구조의 경계와 직각 또는 그에 가까운 자형이나 반자형의 1° 회색 내지 백색을 보이는 석영, 석영의 결정 틈새에 있는 높은 위상차의 방해석, 그리고 구조의 최외곽과 나란하게 정출된 은미정질 입자와 그 안쪽에 녹색을 띠는 소다 각섬석으로 구성되어 있다. 단니콜 사진은 구조의 외곽을 자세히 관찰하기 위해서 직교니콜 사진의 일부를 확대한 것이다. 단니콜에서 빨간 원 부분뿐만 아니라 기타 몇 곳에서 석영과 부분적으로 연정을 이룬 소다 각섬석이 관찰된다.

관찰 대상 : 정장석, 석영, 방해석, 은미정질 입자, 소다
　　　　　각섬석, 마이크롤라이트 사장석
직교니콜, 34배
단니콜, 68배

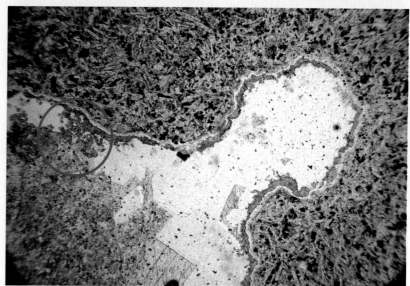

알칼리 장석 화강반암의 석영 반정과 석기를 보인 것이다. 반정 주위는 과성장된 반응연이 형성되어 있고 석영 반정 내에는 반응연과 유사한 광물로 용식되었으며 양자의 소광위치는 동일하다. 반응연의 구성 광물은 대부분 정장석이나 정장석과 연정을 이룬 미정질 석영도 관찰된다. 석기는 수많은 구과상구조를 이룬 정장석, 구과 사이의 흑운모와 석영, 그리고 부분적으로 변질된 견운모로 구성되어 있다.

관찰 대상 : 정장석, 흑운모, 석영, 견운모, 구과
직교니콜, 34배

이 암석은 현무암인데 반정을 구성한 조립 사장석, 석기를 구성한 미정질 사장석과 감람석, 그리고 역시 석기를 구성한 은미정질 또는 유리질 광물과 불투명 광물로 구성되어 있다. 단니콜에서 보면 감람석은 산화되어 갈색을 띠거나 골격상조직을 보인다.

관찰 대상 : 골격상조직, 감람석, 사장석, 은미정, 불
　　　　　 투명 광물
직교–단니콜, 34배

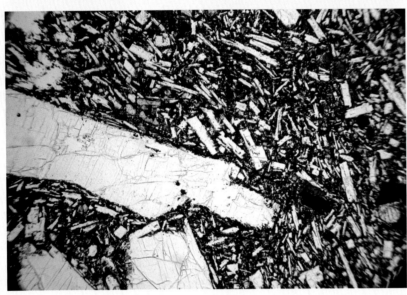

주로 사방휘석과 감람석으로 구성된 초고철질 암의 일종인 감람석 사방휘석암이다. I-Ⅲ상한으로 대각선 쪼개짐을 보이는 사방휘석 내에 불규칙한 쪼개짐을 보이는 타형의 감람석과 자형 또는 반자형의 자철석이 관찰된다. 사문석 미세맥은 감람석의 깨어짐에 따라 집중적으로 감람석을 교대하였으나 사방휘석으로 연속되기도 한다.

관찰 대상 : 사방휘석, 감람석, 사문석, 자철석
직교-단니콜, 34배

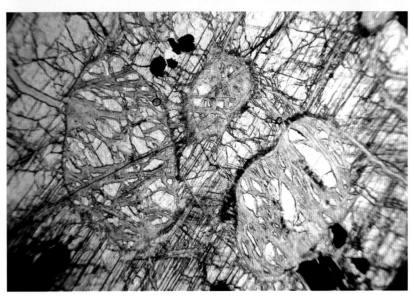

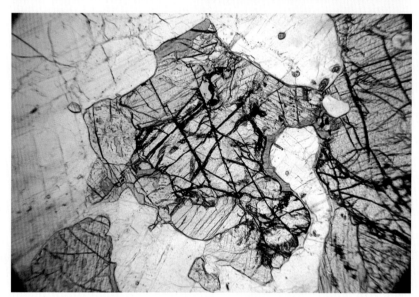

이 암석은 사장석(라브라도라이트), 감람석, 휘석류, 보통각섬석을 함유한 반려암이다. 시야의 중앙에 높은 양각(단니콜 확인), 불규칙한 쪼개짐, 연녹색을 띠는 결정은 감람석이다. 이 결정은 사방휘석(평행 소광), 단사휘석(소광각 40° 내외)과 접해 있고 휘석은 다시 보통각섬석이 부분적으로 싸고 있다(단니콜 확인). 감람석 왼쪽에서 접한 적황색의 단사휘석은 부분적으로 각섬석화되어 있고, 그 아래는 보통각섬석이 사장석의 용식을 받아 세맥 형태가 되어 휘석과 사장석 사이에 끼어 있다(화살표). 박편의 다른 부분에서는 보통각섬석을 포획한 사장석도 관찰된다.

관찰 대상 : 사장석, 보통각섬석, 감람석, 사방휘석, 단사휘석
직교-단니콜, 34배

왼쪽 위와 오른쪽 중앙의 세립질 변질물은 유문암 잔류물이다. 시야의 중앙과 아래에는 후마그마의 관입에 의한 자형의 석영과 자철석으로 보이는 불투명 광물이 있다. 자형의 석영 내에는 유문암 미세 포획물도 관찰된다(빨간 원). 단니콜에서 볼 때 유문암은 석영과의 접촉부에 따라 녹니석으로 변질(△표)되어 있으며 자철석은 표성기원의 침철석으로 교대되어 교질조직(화살표)을 보인다.

관찰 대상 : 침철석, 자철석, 석영, 유문암, 녹니석
직교-단니콜, 34배

유동 화성쇄설 기원의 용결응회암이다. 먼저 관찰되는 것은 중앙의 타원형 석영과 좌우로 길게 탈유리화된 피아메를 구성한 이방성 미정질 입자(화살표, 홍연석으로 보임)들이다. 탈유리화된 피아메는 형태가 매우 다양하다. 소광상태인 부분을 단니콜에서 보면 유리질 부석의 공극이 압착된 것임을 알 수 있으며 유동구조를 보인다.

관찰 대상 : 홍연석, 석영, 피아메, 탈유리화, 부석
직교−단니콜, 34배

몇 종의 암편과 광물편이 있고 유동조직이 관찰되는 것으로 보아 유동성 화성쇄설암이다. 광물편은 직교니콜에서 백색에 가까운 석영, 암회색의 정장석이 식별되고, 암편에는 석영-견운모 편암편, 유문암편 등이 있다. 현재의 사진에서는 보이지 않으나 단니콜 고배율에서 관찰할 때 유동조직에서 초기결정(정자)이 관찰된다. 암편과 광물편은 용식을 많이 받았다.

관찰 대상 : 유동조직, 석영, 정장석, 만형상조직, 초기결정, 편암편, 유문암편
직교-단니콜, 34배

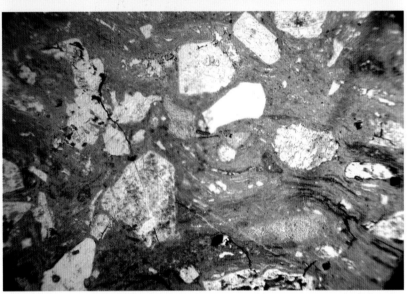

**예시** 13

후마그마에 의한 변질대의 암석이다. 사진의 중앙에 있는 석영 결정면 사이에서 삼각형 방해석이 관찰되고 그 주위의 무수한 미정질 광물은 대부분 녹렴석이다. 녹렴석은 석영과 방해석을 교대한 광물이지만 형태로만 보면 오피모틀조직과 같다.

관찰 대상 : 석영, 방해석, 녹렴석
직교−단니콜, 68배

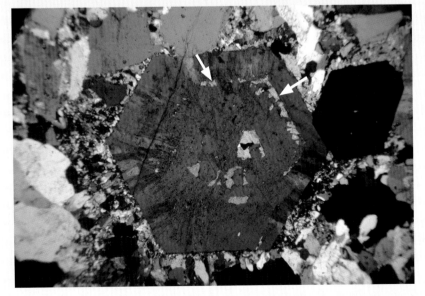

**예시** 14

6각 자형 정장석 결정이 시야의 중앙에 있고 이 결정의 중앙에서 외곽으로 방해석, 정장석, 방해석 띠(화살표), 정장석으로 구성되어 있다. 중앙의 방해석과 방해석 띠 사이의 정장석에는 산재된 미세한 방해석 입자가 관찰되며, 최외곽의 정장석은 결정면에 직각으로 성장한 엽상 구조를 보인다.

관찰 대상 : 중앙의 방해석, 중앙의 정장석, 외곽의 정
　　　　　장석, 방해석 띠
직교니콜, 34배

**예시 15**

대부분 사장석으로 구성되어 있으며 소량의 단
사휘석이 사장석 결정 사이에 함유되어 있다.
중앙 아래의 사장석은 과성장되어 있다.

관찰 대상 : 단사휘석, 사장석 중앙, 사장석 변두리
직교니콜, 34배

**예시 16**

알칼리 장석 화강암에 형성된 정동(사진 위쪽
소광상태 부분)과 정동 주변의 광물 사진이다.
정동의 벽은 미정질 또는 은미정질 석영으로 싸
여 있고 이 세립 석영으로부터 자형 또는 반자
형의 석영이 정동의 벽에 직각으로 정출되어 있
다. 직교니콜에서 소광상태인 부분은 단니콜에
서 투명하게 보인다.

관찰 대상 : 조립 석영, 세립 석영, 정동, 모암
직교−단니콜, 34배

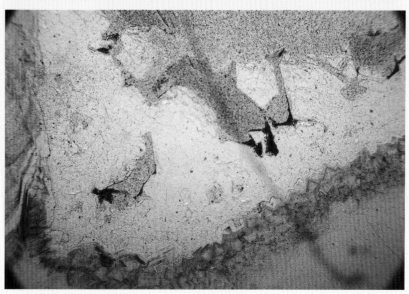

# 연습 문제 해석(정출순서)

## 예시 1

갈렴석 미세 포획물(×표)을 함유한 석영 미세맥은 관입을 의미하며 동시에 석영은 갈렴석보다 후기이다. 문제는 갈렴석 내에 있는 석영 함유물(△)인데 이에 대해 가능한 조직은 포획물, 구과상 – 행인상조직, 포유조직, 만형조직 등이 있으나 미세맥의 석영과 포유물의 석영이 동시소광하는 것은 동일 광물임을 의미하며 동일 광물은 만형조직만이 가능하다. 갈렴석 포획물의 생성 시기는 미세맥 석영이 액체상태일 때이다. 여기에서 질문한 것은 갈렴석의 생성 시기가 아니라 갈렴석 포획물의 생성 시기이다.

## 예시 2

정장석 포유물(△)과 오른쪽 위의 정장석(▲)은 만형조직을 이룬 동일 광물이므로 석영보다 후기이다. 만형조직은 정장석의 쪼개짐에 따라 이루어졌다. 석영과 정장석의 정출순서는 정장석 미세맥에 석영 미세 포획물이 관찰되어 더욱 뚜렷해진다.

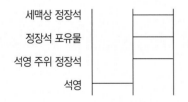

## 예시 3

2개의 검은 화살표 부근의 변질, 그리고 공동을 둘러싼 소다 각섬석의 정출로 보아 공동과 관련된 행인상구조로 보아야 한다. 따라서 공동에 유입된 용액과 사장석의 반응으로 변질대의 형성과 소다 각섬석의 정출이 최초로 동시에 시작되었다. 공동의 오른쪽 끝에 있는 세립 정장석(빨간 화살표)은 소다 각섬석의 반응연 내에 있으나 공동 밖의 정장석이 떨어져 들어온 것이므로 소다 각섬석보다 먼저 정출된 것이다. 미르메카

이트의 형성은 설명한 바와 같이 정장석과 사장석의 고화되지 않은 접촉부에서 일어난 현상이다. 사장석과 정장석의 선후 관계는 제시된 현미경 시야로는 판단할 수 없다.

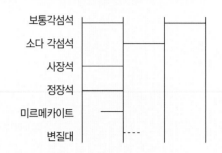

## 예시 4

후마그마에 의한 자형 석영, 방해석, 인회석은 전마그마에서 정출된 타형의 석영보다 후기이다. 방해석은 자형의 석영 틈새에서 간극조직을 이루고, 전기석 미세 포획물이 후기 석영 내에 있다. 자형의 세립 인회석(빨간 원)은 이와 접한 방해석이나 후기 석영보다 먼저 정출된 것이지만 전기석과의 선후 관계는 서로 접한 곳이 없어 알 수 없으며 전기 석영, 전기석, 인회석 역시 선후 관계가 불확실하다.

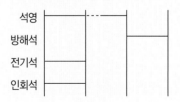

## 예시 5

암석이 현무암이고 자형 또는 반자형 석영의 장축방향이 경계에 거의 직각으로 내부를 향해 성장한 형태, 구조와 나란한 두 겹의 광물대는 행인상구조임을 말한다. 따라서 정출은 행인의 최외곽에서 시작되어 행인 중앙의 정장석에서 끝난다. 그 사이의 방해석은 석영 입자 사이와 석영-정장석 사이에서 간극조직을 보이고 일부 소다 각섬석은 석영과 부분적으로 연정을 이룬다.

정장석
석영
방해석
은미정질 입자
소다 각섬석
마이크롤라이트 사장석

예시 6

전체적으로 반상조직의 일종인 오셀라조직으로 석영 반정이 가장 먼저 정출되었고 반정 주위의 과성장조직의 형성이 뒤를 이었다. 석기 내 석영, 흑운모는 정장석 성분의 구과 형성 이후의 광물이다. 만형조직을 보이는 석영 내의 정장석은 석영 주위의 과성장 입자와 정출 시기가 같다고 본다. 정장석과 연정을 이룬 석영은 정장석과 중복성이다.

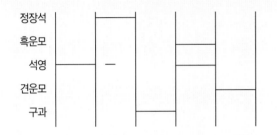

정장석
흑운모
석영
견운모
구과

예시 7

전체적으로 반상조직의 일종인 삼분 비등립상조직이다. 따라서 석기의 미정질 사장석과 감람석이 최초로 정출되었으며, 이어서 또는 앞의 광물과 약간 중복되어 조립 사장석 반정이 정출되고, 끝으로 석기의 은미정질 광물과 불투명 광물이 정출되었다. 골격상조직의 감람석은 석기에 의한 용식현상이므로 은미정질 석기가 완전히 고화되기 전에 이루어진다.

골격상조직
감람석
사장석(세립)
사장석(조립)
은미정 석기
불투명 광물

예시 8

감람석과 자철석을 포유물로 한 포유조직이다. 따라서 포유된 광물이 먼저 정출된 일종의 집적암조직이다. 사문석에 의한 교대는 후에 이루어진 현상이다.

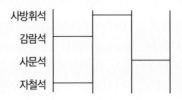

사방휘석
감람석
사문석
자철석

예시 9

감람석을 가운데 두고 주변의 휘석과 보통각섬석은 복합 광환조직을 의미하며 용액에서 정출된 것이므로 당연히 중심에 있는 광물이 가장 초기에 정출된 것이다. 보통각섬석이 정출될 때 이와 접한 사장석은 용액 상태이어야 하는데 그 증거는 보통각섬석이 사장석의 용식을 받은 점과 보통각섬석 미세 포획물이 사장석에 있는 점이다.

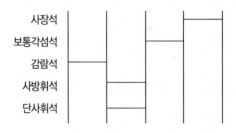

사장석
보통각섬석
감람석
사방휘석
단사휘석

예시 10

이 암석은 3단계에 걸쳐 형성되었다. 첫 단계는 유문암의 형성, 두 번째 단계는 열수용액에 의한 석영, 자철석의 정출과 녹니석에 의한 변질이며, 세 번째 단계는 풍화에 의한 표성기원 침철석(교질조직)의 생성이다.

침철석
자철석
석영
유문암
녹니석

예시 11

피아메를 함유한 용결 응회암은 피아메(용결조직)로 압착되기 전의 입자, 압착 과정에서 생성된 입자, 그리고 용결 응회암이 되기 전에 마그마에서 정출되어 유입된 입자로 단계를 나누어 생각할 수 있다. 마그마에서 유입된 입자는 석영이고, 피아메로 압착되기 전의 입자는 유리질 샤드로서(직교니콜과 단니콜의 시야 밝기 비교) 성분과 조직으로 보아 부석이다. 이 부석이 압착되어 유리질 피아메(직교니콜에서 소광, 단니콜에서 밝은 상태)가 되고, 피아메는 탈유리화 작용으로 홍연석(직교니콜에서 띠 모양의 흰색)으로 교대되었다.

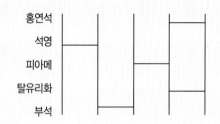

예시 12

관찰 대상에 편암편, 유문암편으로 되어 있는데 편암이나 유문암과는 질문의 내용이 다르다. 전자는 쇄설암에 유입된 시기이고, 후자는 생성 시기이다. 일반적으로 광물 입자는 마그마에서 유래된 것이고 암편은 분출 이후 화쇄류 유동 시에 함유된 것으로 보아야 한다. 광물 입자가 유동 쇄설암에 암편보다 먼저 유입된 것으로 간주된다. 유동조직과 만형조직은 중복성이며 초기 결정 정자는 유동체의 초기 양상이다.

예시 13

중앙의 방해석과 석영은 당연히 방해석이 후기인 간극조직을 이룬다. 녹렴석은 석영과 방해석보다 후기이다.

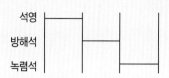

예시 14

중앙의 방해석과 정장석 사이의 방해석(화살표)은 동일 시기에 정출된 것으로 중앙의 정장석이 성장함에 따라 현재의 위치로 밀려나 띠를 이룬 것이다. 따라서 준광환조직에 해당된다. 가장 외곽의 정장석은 방해석 정출 이후의 광물이다. 중앙의 정장석과는 동질광환조직이 된다. 방해석(화살표)의 정출 시기와 방해석 띠의 형성 시기는 서로 다르다.

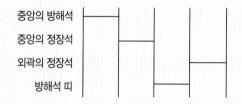

예시 15

입간조직을 형성한 사장석과 단사휘석은 단사휘석이 후기이다. 입간조직과 과성장 사장석으로 보아 전체적으로 첨가집적암임을 알 수 있다. 따라서 사장석의 중앙부는 정집적에 의한 것이고 변두리는 첨가집적에 의한 성장이며 이때에 단사휘석도 정출되었다.

직교니콜에서 소광상태이고 단니콜에서 투명한 것은 공동 아
니면 등방성 광물인데 이 경우 벽으로부터 직각으로 반자형
또는 자형의 석영이 성장한 것으로 보아 정동으로 판단된다.
정동은 모암의 형성 말기로 보아야 하며 정동의 벽으로부터
정동의 내부로 광물은 성장하였다.

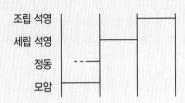

# 참고 문헌

손치무, 이대성, 정지곤, 강준남. 1979. 우리나라의 구상구조를 나타내는 암석에 관하여. 자연보존연구보고서, 제1집. 1-61.

정지곤, 정공수, 조문섭. 2011. 암석의 미시세계, 2판. 시그마프레스. 80p. , 101-103.

Blatt, H., Tracy, R. J., and Owens, B. E. 2006. Petrology: igneous, sedimentary, and metamorphic. 3rd ed., Freeman, New York, 530p.

Bowen, N. L. 1915. The crystallization of haplobasaltic, haplodioritic, and related magmas. American Journal of Sciences, 40:161-185.

Bowen, N. L. 1928. The evolution of the igneous rocks. Princeton University Press. 29-31.

Bowen, N. L., and Tuttle, O. F. 1950. The System $NaAlSi_3O_8$-$KAlSi_3O_8$-$H_2O$. Geological Society of America Bulletin, 58: 498-511.

Cashman, K. V., and Ferry, J. M. 1988. Crystal size distribution in rocks and the kinetics and dynamics of crystallization. Contributions to Mineralogy and Petrology, 99: 401-415.

Decker, R. W., and Chritiansen, R. L. 1984. Explosive eruptions of Kilauea volcano, Hawaii. National Academy of Sciences, 122-132.

Donalson, C. H. 1982. Origin of some of Rhum harrisite by segregation of intercumulus liquid. Mineralogical Magazine, 45: 201-209

Ehlers, E. G., and Blatt, H. 1980. Petrology(igneous, sedimentary and metamorphic). W. H. Freeman and Company, 34p(fig. 1-19), 229p(fig. 9-4), 58p.

Gill, R. 2010. Igneous rocks and processes: a practical guide. Wiley-Blackwell, West Sussex, 428 pp.

Hatch, F. H., Wells, A. K., and Wells, M. K. 1961. Petrology of the igneous rocks. 12ed. Thomas Murry & Co. 174p. 303p., fig. 87, fig.107.

Hatch, F. H., Wells, A. K., and Wells, M. K. 1968. Petrology of the igneous rock. Thomas Murry & Co. 200p.

Hibbard, M. J. 1995. Petrography to petrogenesis. Prentice-Hall. Inc. 108, 110, 124, 192, 226, 242, 263p.

Jeong, J. G. 1980. Petrogenesis of anorthosite and related rocks in Hadong-Sancheong district, Korea. Thesis, SNU. plate V.

Lofgren, G. 1971a. Experimentally produced devitrification textures in naturally rhyolitic glass. Geological Society of America Bulletin, 82:111-124.

Lofgren, G. 1974. An experimental study of plagioclase crystal morhphology: Isothermal crystallization. American Journal of Science, 274: 243-273.

Lofgren, G. 1980. Experimental studies on the dynamic crystallization of silicate melts. In Physics of Magmatic Processes, R. B. Hargraves, ed. Princeton, N J: Prinston University Press, pp.487-551.

Mackenzie, W. S., Donalson, C. H., and Guilford, C. 1984. Atlas of igneous rocks and their textures. Longman Group Limited. 46p.

Mackin, J. H. 1963. Rational and empirical methods of investigation in geology. In the fabric of geology. C. C. Albritton, ed. San Francisco: Freeman, 135-163.

Philpotts, A. R. 2009. Principles of igneous and metamorphic petrology. Prentice Hall, Englewood Cliffs, 2nd Edition.

Raymond, L. A. 1995, Igneous rocks. Wm. C. Brown pub. 1-262.

Ree, J. H., Kwon, S. H., Park, Y. D., Kwon, S. T., and Park, S. H. 2001. Pretectonic and posttectonic emplacements of the granitoids in the south central Okchon belt, South Korea: Implications for the timing of strike-slip shearing and thrusting. Tectonics, Vol. 20, No. 6, 850-867pp.

Sagong, H., Kwon, S. T., and Ree, J. H. 2005. Mesozoic episodic magmatism in South Korea and its tectonic implication. Tectonics, Vol. 24, TC5002.

Swanson, S. E. 1977. Relation of nucleation and crystal-growth rate to the development of granitic textures. American Mineralogist, 62: 966-978.

Turner, F. J. 1980. Metamorphic petrology. 2d Ed. New York: McGraw-Hill, 48-61, 181-191

Vespermann, D., and Schmincke, H. U. 2000. Scoria cones and tuff rings. Encyclopedia of volcanoes. New York, Academic Press. 683-694.

Wager, L. R., Brown, G. M., and Wadsworth, W. J. 1960. Types of igneous cumulates. Journal of Petrology, 1:73-85.

Wager, L. R., and Brown, G. M. 1967. Layered igneous rocks. Fig. 8. Freeman and Company.

Wager, L. R. 1968. Rhythmic and cryptic layering in mafic and ultramafic plutons. In: Hess, H.,H., and Poldervaard, Arie, eds. Basalts: The Poldervaart treatise on rocks of basaltic composition, V.2, pp. 483-862. New York: Interscience.

Walker, G., and Croasdale, R. 1972. Characteristics of some basaltic pyroclastics. Bulletin Volcanologique, V. 35, 303-317, 683-694.

Winter, John D. 2010. An Introduction to Igneous and Metamorphic Petrology. Prentice Hall, New York, 702pp..

# ▌색 인

# 저자 소개

## 정 지 곤
- 서울대학교 자연과학대학 지질학과(이학사)
- 서울대학교 대학원 지질학과(이학석 · 박사)
- 충남대학교 자연과학대학 지질환경과학과 명예교수

  학위 논문 : *Petrogenesis of anorthosite and related rocks in Hadong−Sancheong district, Korea*


## 이 혜 임
- 서울대학교 사범대학 지구과학과(이학사)
- 충남대학교 교육대학원 지질환경과학과(교육학 석사)

  학위 논문 : 캐나다 온타리오 주 Coldwell 알칼리 복합체의 반려암에 배태된 페그마타이트에 관한 연구